21世纪高等学校计算机类课程创新规划教材 · 微课版

Web前端开发

——HTML5+CSS+JavaScript + jQuery +Dreamweaver

◎ 刘敏娜 弋改珍 编著

清华大学出版社
北京

内容简介

本书主要针对高校网页设计、网站前端开发等课程教学和实训要求，以培养网页设计师为教学目标，以实用性为原则编写。本书主要包括 Web 基础、HTML 技术、CSS 层叠样式表、JavaScript 脚本语言、jQuery 技术、HTML5 等。本书还包含一个综合案例和 18 个 Web 前端开发实验，综合案例运用了 HTML、CSS、JavaScript 等流行的网站前端开发技术，对实际网站项目开发有指导和借鉴意义。本书配套资源包括在线教学视频、电子课件、课后习题答案、教学大纲、教案等。通过丰富的教学资源，使教与学更加方便。

本书可作为高等院校相关专业的教材，还可作为 Web 前端开发零基础人员的自学参考书。

图书在版编目(CIP)数据

Web 前端开发：HTML5＋CSS＋JavaScript＋jQuery＋Dreamweaver/刘敏娜，弋改珍编著. —北京：清华大学出版社，2020.1（2024.7 重印）
21 世纪高等学校计算机类课程创新规划教材：微课版
ISBN 978-7-302-54194-3

Ⅰ. ①W… Ⅱ. ①刘… ②弋… Ⅲ. ①网页制作工具－高等学校－教材 ②超文本标记语言－程序设计－高等学校－教材 ③JAVA 语言－程序设计－高等学校－教材 Ⅳ. ①TP393.092.2 ②TP312.8

中国版本图书馆 CIP 数据核字(2019)第 256068 号

责任编辑：闫红梅　赵晓宁
封面设计：刘　键
责任校对：焦丽丽
责任印制：曹婉颖

出版发行：清华大学出版社
　网　　址：https://www.tup.com.cn，https://www.wqxuetang.com
　地　　址：北京清华大学学研大厦 A 座　　**邮　　编**：100084
　社 总 机：010-83470000　　**邮　　购**：010-62786544
　投稿与读者服务：010-62776969，c-service@tup. tsinghua. edu. cn
　质量反馈：010-62772015，zhiliang@tup. tsinghua. edu. cn
　课件下载：https://www.tup.com.cn，010-83470236
印 装 者：三河市龙大印装有限公司
经　　销：全国新华书店
开　　本：185mm×260mm　　**印　　张**：15.5　　**字　　数**：376 千字
版　　次：2020 年 1 月第 1 版　　**印　　次**：2024 年 7 月第 7 次印刷
印　　数：9501～10700
定　　价：49.00 元

产品编号：080900-01

前　言

Web前端开发是网站开发方向重要的专业课程，随着市场对Web前端工程师的需求增加，国内很多本专科院校正在或准备开设该课程。本书是咸阳师范学院2016年教材建设资助项目。

Web前端开发涵盖多门技术，想要开发一个漂亮、满足用户需求的网站，需要有丰富的开发技巧，在本教材中针对开发技巧做了详细的介绍。

1. 本书指导思想

(1) CDIO工程思想

CDIO工程教育模式是国际工程教育改革的最新成果。CDIO代表构思(Conceive)、设计(Design)、实现(Implement)和运作(Operate)，以产品研发到产品运行的生命周期为载体，让学生以主动、实践的方式学习工程。

本书始终以CDIO大纲为编写指导思想，以前端开发为基础，以培养工程实践能力为目标，组织教材内容。

(2) 相关行业需要Web前端工程师掌握的技能

在教材内容的选取方面，笔者调研了对Web前端工程师知识技能方面的需求。目前企业对前端工程师的普遍要求是能够熟练使用HTML5、CSS、JavaScript、jQuery等前端技术。本书涵盖了行业需求的这些技术，并对这些技术深入浅出地介绍，带领读者领略技术的魅力。

2. 本书内容

全书分为9章，内容涵盖：Web前端基础知识、HTML、CSS、JavaScript、jQuery、HTML5和Dreamweaver七大版块。本书知识图谱如图1所示。

3. 本书特点

(1) 案例式教学

本书采用大案例和小案例结合的方式组织内容。在介绍开发技术时配有小案例，案例具有代表性和趣味性，使读者在完成案例的同时掌握语法规则以及技术的应用。第8章介绍的是咸阳师范学院图书馆网站案例，涵盖了本书所学的所有技术，涉及从需求分析、设计、实现、测试到发布的完整过程，带领读者熟悉网站项目开发的流程。

(2) 实验内容丰富

为了能使读者自我检验学习效果，第9章设计了20个前端开发实验，有详细的实验分析和操作步骤，引导读者动手开发，使读者从知识的学习转变到能力的提高。

(3) 注重能力培养

本书编者长期从事“网页设计”和“Web前端开发”等课程的教学工作，总结了很多Web

教学的经验，在书中与读者进行分享；另外参与了多个网站项目的开发工作，这些网站均已上线。在开发过程中，笔者积累了丰富的实战经验，这些经验在教材中也有所体现。因此本书不仅是单纯介绍技术的教材，而且是由大量的实战开发经验所组成的一本以提高动手能力为目标的教材。

（4）配套资源丰富

本书配备了微课视频资源，同时还提供课程配套的电子课件和课后习题答案，另外为使用本书的教师提供了课程大纲和教案。

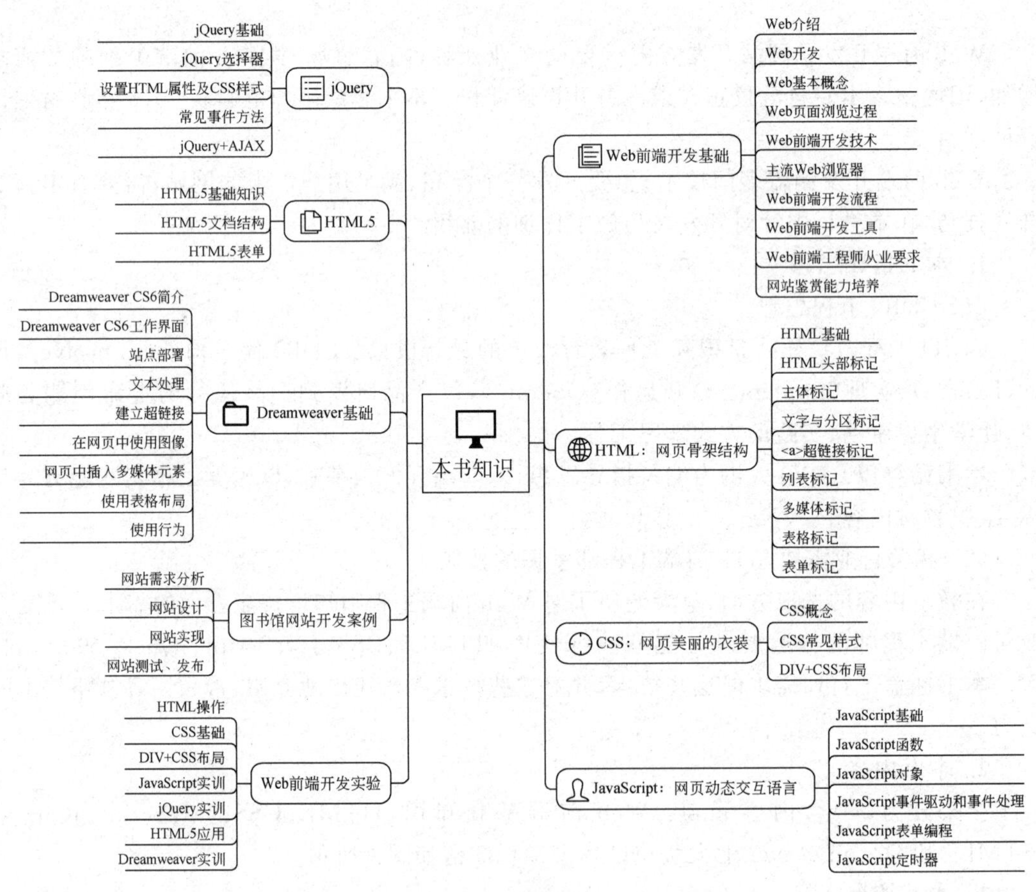

图 1　知识图谱

4. 作者与鸣谢

本书由刘敏娜和弋改珍编著，王笑笑、尚静静等参与教材资料整理工作。本书在编写过程中得到了郑寅堃和闫红梅编辑的大力支持和帮助，感谢他们专业且严谨的工作。

由于时间有限，书中难免存在不足之处，如有发现问题，烦请直接与笔者联系，电子邮箱为 yanhm@tup.tsinghua.edu.cn，不胜感谢！

编　者

2019 年 1 月

目　录

第1章 Web前端开发基础

1.1 Web 介 绍

Web也称万维网。Web的英文全称是World Wide Web,简称WWW。它是基于"超文本"的信息查询和发布系统。Web将Internet上众多的服务器提供的资源连接起来,组成一个海量的信息网,网络中不仅有文本信息,还包含声音、图形、图像、动画等多媒体信息,并将这些信息在图形化的界面中进行展示。

Web是英国的Tim Berners Lee 1980年在欧洲共同体的一个大型科研机构任职时发明的。通过Web平台,Internet上的资源在一个网页里展示出来,而且资源之间可以建立链接。

1.1.1 Web起源

1. WWW的开发阶段

1980—1991年,Tim Berners Lee在ENQUIRE项目上应用了一个可以处理超文本信息的在线数据编辑库。1984年,他将大型超文本数据库系统命名为WWW。

2. WWW的发展阶段

1992—1995年,随着支持图像等多媒体技术的网络浏览器的发布,WWW技术在Internet上广泛应用。

3. WWW的商业化阶段

1996—1998年,越来越多的公司、企业开始在Internet上创建Web站点。

4. 无所不在的WWW

借助WWW,用户可以在线学习、发布消息、看电影听音乐。WWW像一张巨大的网,已经覆盖了人们生活、工作、学习、娱乐的各个方面。

1.1.2 Web版本

Web的版本经历了从1.0、2.0到3.0的变化。

Web 1.0采用的是技术创新主导模式,赢利基于点击的流量。网页的内容是网站编辑人员进行编辑处理后提供的,用户阅读网站提供的内容。这个过程是网站到用户的单向行为,Web 1.0时代的代表为新浪、搜狐、网易三大门户网站。

Web 2.0注重页面与用户的交互。用户既是网站内容浏览者,也是网站内容的制造者。Web 2.0加强了网站与用户之间的互动,网站内容基于用户,网站的很多功能也由用户参与建设，实现了网站与用户双向的交流与参与。用户在 Web 2.0 网站拥有自己的数据，并完全基于 Web，所有功能通过浏览器完成。

Web 3.0 支持不同网站之间信息进行交互，支持借助第三方信息平台对多家网站的信息进行整合使用。用户在 Internet 上拥有自己的数据，借助浏览器可以实现复杂的系统程序才具有的功能，无须下载任何软件。

1.2 Web 开发

Web 开发

Web 开发包括网站的前端开发和后端开发。

1.2.1 前端开发

Web 前端是为浏览器、手机 App、应用程序等设备提供直观的界面，可以用 HTML、DIV+CSS、JavaScript 等技术开发。Web 前端开发包括 PC 端网页、移动端网页、移动 App、游戏、软件开发等。前端开发简单，上手容易，是一种热门技术。相关技术人才紧缺，薪资较高。从事前端开发时注意的几个方面：优化用户体验，提高页面响应速度，保证页面与不同的浏览器都兼容。

1.2.2 后端开发

后端开发提供数据库支持，响应用户在页面的操作。后端经常使用 PHP、ASP、JSP 等技术开发，也可以使用成熟的框架技术，如 SSH(Spring+Struts2+Hibernate)、SSI(Spring+Struts2+Ibatis)、SSM(Spring+Struts2+myBatis)。常用的数据库技术是 MySQL、SQL Server、Oracle 等。

1.3 Web 基本概念

1.3.1 网站

网站是 Internet 上有内在联系的若干页面通过超链接构成的网页集合。通常，把进入网站首先看到的网页称为首页。首页是网站的门面，是访问量最大的网页，默认的文件名是 index 或 default。在服务器上设置默认首页之后，直接通过网址可以进入网站首页。

1.3.2 网页

网页是由多媒体（如文字、声音、动画等）组成的页面，在页面上通过超链接实现与其他网页之间的跳转。

1. 网页中的媒体元素介绍

1）文本

文本是网页的主体组成部分，主要用来传达网页中的信息。在网页制作中，可以通过文本的字体、字号、颜色等的变化来美化网页。最适合网页正文显示的文字大小为 12px。导航条、标题或其他需要强调的地方可以使用 14px、18px 等较大字体。文字大小与行距的一般比例为 1∶1.5,也就是当字号是 12 像素时,行距为 18 像素。选择字体时,尽量选择操作系统自带的字体,避免引入因为浏览者计算机上未安装特殊字体而造成显示效果打折扣的问题。

2) 图像

精美、裁剪合适的图像能吸引浏览者注意,能直观地表达信息,具有很强的视觉冲击。通常,在网页中使用的图像主要是 GIF、JPEG、PNG 格式。

3) 音频

音频是多媒体网页中的重要组成部分,引入声音可以使网页更加生动,在网页中,声音主要是以音乐、视频、动画的配音形式存在。尽量不要将声音文件作为背景音乐,那样会影响网页的下载速度。目前,支持网络的声音文件格式有 MIDI、WAV、MP3 等格式。

4) 视频

网页中可以插入视频文件,使网页更加精彩。网页中常见的视频流媒体文件格式有 RealPlay、MPEG、AVI 等。由于视频文件较大,如果在线播放,必须采用视频流媒体格式,可以一边下载一边播放,节省网页加载时间。

2. 网页组成元素介绍

常见的网页组成元素包括 5 种,分别是网页的 Logo、Banner、导航条、主体部分和版尾部分。

1) Logo 标志

Logo 是反映事物特征的记号,以图形或者文字符号为载体,除了表示一定的寓意以外还具有表达情感和指令动作等作用。网站的 Logo 是网站形象的重要体现,一个好的 Logo 能反映网站及制作者的某些信息。Logo 设计时要尽量简洁生动,便于访问者记忆,同时新颖独特,具有一定的个性,如图 1.1 和图 1.2 所示。

图 1.1 SUV 汽车网 Logo

图 1.2 当当网 Logo

优秀的 Logo 应该具备以下条件:

- 符合国际标准;
- 精美,独特;
- 与网站的整体风格相融;
- 能够体现网站的类型,内容和风格。

目前网站 Logo 主要有三种规格,如表 1.1 所示。

表 1.1 目前主流的网站 Logo 尺寸

编号	名称	大小	说明
1	小型 Logo	88px×31px	比较普遍的 Logo 规格
2	中型 Logo	120px×60px	一般规模网站的 Logo
3	大型 Logo	120px×90px	用于大型网站的 Logo

2）Banner 广告条

在网页中，广告条一般是放置在醒目的位置，吸引用户对于广告信息的关注，从而达到网络营销的效果。

Banner 可以是动态的图像（如 GIF 动画或 Flash 动画），也可以是静态的图像。Banner 的尺寸有一定的约定，国际互联网广告局在 2002 年公布的 Banner 长度规范标准如表 1.2 所示。

表 1.2　国际标准 Banner 尺寸

编　　号	名　　称	Banner 大小
1	摩天大楼型	120px×600px
2	中级长方形	300px×250px
3	正方形弹出	250px×250px
4	宽摩天大楼	160px×600px
5	大长方形	336px×280px
6	长方形	180px×150px
7	竖长方形	240px×400px

3）导航条

帮助用户快速访问网站内容的工具。导航条分为横排导航条、竖排导航条等，复杂的导航条还有二级级联菜单。设计导航条时应该注意其中的项目分类合理，便于浏览者快速找到，同时导航条应该置于醒目的位置。

4）主体部分

主体部分是网页中最重要的组成，包括网页中的主要信息。这部分内容可以是纯文本信息，也可以是由文本、图像等元素等构成的多媒体信息。

5）版尾部分

版尾部分是整个网页的结束部分，通常用来声明网站的版权，为用户提供网站的联系方式等信息，如图 1.3 所示。

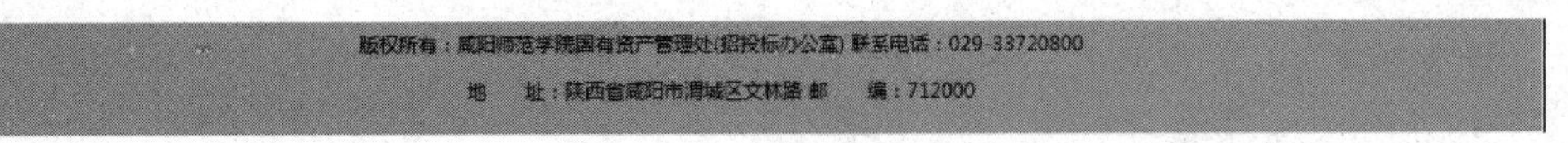

图 1.3　网站版尾截图

1.3.3　URL

URL（Uniform Resource Locator，统一资源定位），是 Internet 上标准资源地址，用来描述网页及其他网络资源地址的一种标识方法。

URL 的一般书写格式是：

```
访问协议: //主机域名或 IP 地址[: 端口号]/路径/文件名
```

例如，http://www.xysfxy.cn。

1.3.4 HTTP 协议

超文本传输协议(Hyper Text Transfer Protocol,HTTP)是网络上使用最广泛的一种协议,所有 Web 页面都必须遵守这个协议。HTTP 协议主要用于服务器和浏览器之间的请求和响应服务,客户端通过建立一个默认端口是 80 的链接,初始化请求服务,服务器端监听此 80 端口响应请求。

1.3.5 Web 服务器

Web 服务器也称为 WWW 服务器,主要功能是提供信息服务。Web 服务器的工作流是:接收用户请求→动态响应请求→处理请求→反馈结果。

常见的 Web 服务器有两种,微软公司的 IIS 服务器和 Apache 的 Tomcat 服务器。

1.3.6 Web 浏览器

Web 浏览器解析并显示 HTML 文件。浏览器通过超文本传输协议与 Web 服务器之间进行交互,将服务器传回的 HTML 标记解析。常见的浏览器有 IE、Google、Firefox、Opera 和 Safari。

1.4 Web 页面浏览过程

1. 用户启动浏览器

在地址栏中输入要访问的网页的 URL,通过 HTTP 协议向 URL 所在的服务器发起服务请求。

2. 发起请求

服务器根据浏览器发起的请求,把 URL 地址转换成网页所在服务器上的实际路径,找到相应的网页文件。

3. 网页中包括 HTML 标记

服务器直接通过 HTTP 协议将文档发送到客户端,如果网页中还包括 JSP 程序、ASP 程序或其他动态网站程序,通过服务器执行后将运行结果发送给客户端。

4. 显示结果

浏览器解释 HTML 文档,将结果显示在客户端浏览器。

1.5 Web 前端开发技术

1. HTML 技术

网页文件是使用超文本标志语言 HTML 表示的。在这种语言中,可以使用各种标记对文件进行处理。这些标记决定了文件内容的外观、结构以及交互性等方面,标记使用尖括号表示,如换行标记< br >、超链接标记< a >等。浏览器按照先后顺序解释 HTML 标记,最终显示网页内容。

2. CSS 技术

层叠样式表(Cascading Style Sheet,CSS)是一种用来定义网页格式的语言。使用 CSS 可以将网页的格式和内容相分离,编辑格式时不需要考虑内容,便于网页维护。

CSS 能够对网页中元素位置进行像素级精确控制,支持几乎所有的字体样式和字号,拥有对网页对象和模型样式编辑的能力。

CSS 不仅可以静态地修饰网页,还可以配合各种脚本语言动态地对网页元素进行格式化设置。使用 CSS 定义的网页样式,可以一次定义,多次使用。

3. JavaScript 技术

JavaScript 是一种解释型、基于对象的脚本语言,用来向 HTML 页面添加交互行为,是具有跨平台特性的一种语言。它的解释器是 JavaScript 引擎,是浏览器的一部分。JavaScript 是广泛用于客户端的脚本语言,最早在 HTML 网页上使用,用来给 HTML 网页增加动态效果,如表单的验证、弹出对话框等功能。

4. jQuery 技术

jQuery 是继 prototype 框架之后又一个优秀的 JavaScript 框架。通过 jQuery 用户能更方便地处理 HTML 的 document 对象和 event 对象,实现动画效果,并且方便地为网站提供 AJAX 交互。jQuery 还有一个比较大的优势是,说明文档全,各种应用很详细,同时还有许多成熟的插件供选择。

1.6 主流 Web 浏览器

1. IE 浏览器

IE(Internet Explorer)是微软公司推出的一款网页浏览器。IE 有 6、7、8、9、10、11 等版本。IE 浏览器一直都是 Windows 系统中自带的网页浏览器,并不断处于开发和更新的阶段。2015 年 3 月后,微软公司放弃 IE,转而由 Microsoft Edge 取代。

2. Google Chrome

Google Chrome 是由 Google 公司开发的网页浏览器。Google Chrome 的特点是简洁、快速。它支持多标签浏览,每个标签页面都在独立的“沙箱”内运行,在提高安全性的同时,一个标签页面的崩溃也不会导致其他标签页面被关闭。此外,Google Chrome 基于更强大的 JavaScript V8 引擎,这是其他 Web 浏览器所无法实现的。

3. Firefox

中文俗称“火狐”,是一个自由及开放源代码的网页浏览器,使用 Gecko 排版引擎,支持多种操作系统,如 Windows、Mac OS X 及 GNU/Linux 等。现在最新的火狐版本是 Firefox 57.0。

4. Opera

Opera 是由挪威 Opera Software ASA 公司开发、支持多页面标签式浏览的网络浏览器,具有跨平台性,可以在 Windows、Mac 和 Linux 三个操作系统平台上运行。Opera 浏览器创始于 1995 年 4 月,最新版本 40.0(40.0.2308.62)。Opera 浏览器因为它的快速、小巧和比其他浏览器更佳的标准兼容性,获得了国际上的最终用户和业界媒体的认可。

5. Safari

Safari 是苹果计算机的最新操作系统 Mac OS X 中的浏览器，也是 iPhone 手机、iPodTouch、iPad 中 iOS 指定默认浏览器。它使用了 KDE 的 KHTML 作为浏览器的运算核心。在浏览器排名列第三位，占 4.9%的市场份额。

1.7 Web 前端开发流程

Web 前端开发流程

典型的 Web 前端开发包括以下 5 个阶段。

1. 制订网站的需求分析

确立建站目标、网站所面向的用户及网站所要实现的功能。

2. 设计阶段

明确网站的栏目组成、页面的内容以及网站的链接结构。

3. 制作阶段

使用网页制作软件和图像处理软件完成网页制作。

4. 测试阶段

检查网站的链接结构、跨浏览器兼容性，检查页面是否出现显示错误。

5. 维护和更新阶段

使用网页设计软件对网站进行更新和维护。

下面对开发的 4 个步骤进行详细说明。

1.7.1 需求分析

对于大型的网站项目，需求分析必须由专人负责，需要进行需求获取，分析、编写规格说明。最终将用户的需求通过文档进行描述，这个文档就是需求说明书，开发人员根据需求说明书进行网站开发。

需求在整个网站开发过程是非常重要的，据统计，很多延期完工或失败告终的网站开发项目中 80%以上的原因都是因为需求做得不够到位，不够准确。把握客户的需求，准确采集项目的需求，在整个网站开发过程中是不能忽略的一步。这个过程直接决定站点的质量和未来的访问量。有了需求之后就可以按照它来确定网站的功能、组织网站和构建网站。

需求分析阶段需要和用户沟通，明确下面这些问题，随后书写需求规格说明书。

1. 建网站的目的

- 产品、服务销售；
- 建立一种公益性服务；
- 宣传一种思想、观念、事业；
- 推广业务。

确定网站的浏览者：不同性别、年龄、职业的浏览者对网站的要求是不一样的。需要明确下面的问题。

2. 主要浏览者群体

1）按性别分

- 女性；

- 男性。

2）按年龄段分

- 青少年；
- 儿童；
- 成人。

3）按职业分

- 学生；
- 白领；
- 蓝领。

3. 基于明确的受众定位，确定网站的特色

- 以内容为本，访问速度快；
- 视觉设计具有特色；
- 大量使用图和动画，忽略登录速度；
- 打开页面的速度最重要。

确定受众用户是非常重要的，此时必须清楚，开发者不是用户，用户是这个网站的真正使用者、浏览者。开发者是指网站的开发委托单位或网站的设计人员。开发者对网站的了解和用户不同，由于参与了网站的设计和制作，开发者对网站的内容、结构、导航和功能都非常熟悉，但是对用户来说，这个网站完全是陌生的。

在通常的用户群体分析时，会统计一些人口特征，如平均年龄、性别比例、平均文化程度、民族习惯等，根据这些数据去获取普遍的行为和需求。例如，年轻人喜欢活泼的颜色和个性的版面结构，老年人喜欢稳重的风格。

得到用户需求之后，需要将需求转换成文档，便于开发人员使用。需求文档中应该包括网站建立所需要的软硬件设备、网站的功能描述等信息。

1.7.2 网站设计

设计阶段在整个网站开发过程中是非常重要的，接下来重点分析设计、规划过程中应考虑的因素。

在建设网站之前必须对站点进行结构规划，确定网页组成及存放路径，完成页面详细设计文档。这个过程做得细致，可以为后期开发节省大量的时间。

1. 设计页面及路径

一个网站是由多个网页构成，每一个网页可能经过多人修改（如美工人员、网页设计人员、数据库设计人员），为了能使开发人员更好地协作，网站设计阶段需要明确网页文件的路径和名称。同样，需要形成电子文档也就是页面设计说明书，以便日后查阅。

建议按照功能划分或栏目划分的方式组织网站文件。例如，留言网页放在留言栏目文件夹中，所有的动画文件可以放在 swf 文件夹中，以方便查找。在为文件或文件夹起名时应该注意，所有的名称都应该是小写，而且最好见名知意。对于首页最好采用默认的 index 或 default。

2. 页面详细设计文档

在需求分析阶段应该制定网站开发规范，如 HTML 的书写规范、CSS 样式书写规范、图片文字链接的规范等。

制定规范标准后，就可以完成页面设计说明书，页面设计文档是针对某个网页而定的，包含CSS、框架等结构的网页需要书写说明书，页面设计文档模板如图1.4所示。

页面设计说明书

作者：

日期：

目录

引言

目的：写设计文档需要达到什么样的目的。

参与人员：参加设计的人员和分工。

关键字：本文档的主要关键字，方便以后查阅。

页面一览

页面全路径	页面说明	创建时间
newsindex	新闻栏目首页	2012.12.12
suggestIndex	建议反馈栏目首页	
⋮	⋮	⋮

页面1：

CSS说明：确定样式的规范，如定义CSS是内部还是外部。

层说明：有关层使用的规范。

框架说明：框架使用的说明，如命名等。

图1.4　页面设计文档模板

1.7.3　网站制作

设计完成之后进入制作阶段。制作包括前台页面制作、页面代码书写和后台程序开发三步骤。对于静态网站只需要完成前面两个步骤。

1. 前台页面制作

使用网页图像制作软件制作网页元素Logo、Banner，设计整个网站的布局。使用Dreamweaver软件书写HTML标记，完成静态页面的制作。

2. 页面代码书写

利用CSS和JavaScript技术美化网页，为网页增加交互动作，如鼠标指向动作、滚动图片效果。

3. 后台程序开发

对于动态网站，需要数据库的支持，所以后台程序开发包括数据库和数据表设计，以及操作数据库表的程序编写。

1.7.4　网站测试

发布网站之前，要对网站进行多种严格测试，包括功能测试、性能测试、可用性测试、安全性测试等。测试最好是在一个真实的环境下进行，也就是在 Internet 上测试。

测试的目的是检查和验证，发现问题和错误。通过测试检查网站中的图像、文字、视频、表单等元素的大小、位置、版面结构是否发生了移位；发现网站中的空链接、错误链接、查看页面中的图像是否显示完整、视频是否能够正常打开；检查在不同的浏览器中网页是否能正常显示。

1. 功能性测试

测试网站的功能是否能实现，包括页面是否显示正常、链接是否正确、表单是否能够正常填写和提交、数据库是否能够正常读写、后台管理程序是否能够完成任务等。

2. 性能测试

性能测试包括网页打开时间测试、负载测试、压力测试三方面。

(1) 网页打开时间测试：测试从用户在浏览器窗口中输入域名并单击链接按钮之后转到相应页面所需要的时间。这个时间与用户的上网方式(小区宽带、ADSL 宽带等)、网站的接入带宽、网站的服务器性能、页面数据量都有关系。测试时分别针对用户不同上网方式进行统计，逐一测试每个页面的链接速度。一般地，页面的打开时间最好控制在 5s 之内。

(2) 负载测试：测试多个用户同时访问网站的情况下，网站的运行情况。一般情况下，通过程序模拟大量用户并发访问。但是，这个测试结果可能与实际用户并发访问的情况有误差。

(3) 压力测试：压力测试给网站增加超过设计指标的负载，目的是掌握超过设计负载后网站的反应、在多大的负载下网站会崩溃，以及检测崩溃后系统的恢复速度与能力等。

3. 可用性测试

可用性测试是指产品对用户来说是否有效、高效、是否令用户满意，实际上是从用户角度来评价产品。可用性测试分为主观测试和客观测试。

1) 主观测试

(1) 检验用户对页面主题的理解，重点应该集中在网站的首页和栏目首页。测试方法，找一些用户，请他们浏览网站，看是否能够快速理解网站或栏目的主题。

(2) 检验用户对网站信息分类的理解是否与设计者一致。

(3) 测试用户对导航图标，导航按钮位置的理解情况。

2) 客观测试

给用户一些任务，让用户登录网站来完成。例如，可以是用户感兴趣或实际需要的任务，也可以是查找某些信息或下载软件等。

4. 安全性测试

安全性测试集中在那些需要用户输入用户名、密码的区域，对用户的用户名和密码分别要做出有效和无效测试；检查后台程序是否能够正常工作，安全性，防止数据被非法获取。

1.7.5 维护和更新

网站建成之后应该间隔一定的时间进行更新，向其中增加新的内容和功能，给用户提供新鲜感。维护网站是一项长期的工作，通过维护，保障网站更好地运行。

1.8 Web 前端开发工具

Web 前端开发工具有 EditPlus、Dreamweaver 等软件，常见的开发工具如表 1.3 所示。

表 1.3 常见的 Web 前端开发工具

编号	软件名称	特点
1	EditPlus	小巧但功能强大，可处理文本、HTML 和程序语言的 Windows 编辑器
2	Dreamweaver	所见即所得的网页编辑器，功能强大，是现在主流的网站开发工具（推荐使用）
3	Sublime Text	可编辑 HTML，CSS 等语言的文本编辑器，具有简洁的用户界面和强大的功能（推荐使用）

1.9 Web 前端工程师从业要求

Web 前端工程师主要工作职责是协调前端设计师完成界面美化，协调后端程序员实现用户的交互设计。前端工程师必须掌握 HTML5、CSS、JavaScript、jQuery、Ajax 等核心技术，具备 Internet 交互设计能力，熟悉后端服务器运行环境和数据通信协议，能掌握响应式布局框架、Bootstrap、AngularJS 等最新 JS 框架技术。

1.10 网站鉴赏能力培养

网站鉴赏能力培养

欣赏时光网，网址为 http://www.mtime.com/。

时光网被誉为国内电影社区类最优秀的网站之一。网站的访问者为全球电影发烧友，网站收录历年多种类型影片，影片信息全面，界面设计新颖，与影迷互动性强。

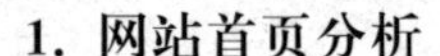

1. 网站首页分析

1) 色调分析

首页(图 1.5)采用蓝色、白色作为主色调，蓝色代表海洋和宇宙，可用来表示包容。通过蓝色和白色的搭配，显得清爽，界面简单明了。不同深浅的蓝色给人一种层次递进的感觉。Logo 颜色从黄色变化到绿色最终变为蓝色，富有动感。

2) 网站结构分析

网站按照功能分为今日热点、购票、正版商城、时光精选等部分，分类明确，方便浏览者查找信息。如图 1.6 所示，导航条上列出网站栏目名称，方便浏览者直观、清晰地了解网站分类。最近更新的栏目右上角有 new 图标，提示用户注意。为了使用户快速找到影片信息，首页设有搜索区域，可以根据电影名称、导演、主演等关键词搜索影片。

(1) Banner 区域(图 1.7)分析：Banner 通过图片轮换方式展示热门影视人物及新闻。当用户指向右下角区域中的灰色色块时切换图片，实现动态变化效果。

(2) 主体区域：分为 4 个分区，分别是今日热点、购票、正版商城和时光精选区域。分区之间通过不同的背景色块进行间隔，界限泾渭分明。

① 今日热点(图 1.8)划分为左右两个分区,左边介绍今日要闻;右下角以时间为线索列出最新直播信息,包括直播的时间和标题。

图 1.5 时光网首页

图 1.6 导航条

图 1.7 Banner

图 1.8 首页今日热点

② 购票区如图 1.9 所示。同样是以时间为线索，详细列出浏览者所在城市影院正在热播的电影名称、影片分类、导演、票价等信息，方便用户了解影片播出的日期时间。

图 1.9　购票区

③ 正版商城区(图 1.10)分为 4 个部分，分别是新品登陆、热销爆款、折扣促销和超前预售。为了能在有限的区域显示更多的信息，商品图片间隔一定时间自动切换，用户通过左右两侧的按钮可以切换商品图片。

图 1.10　正版商城区域

④ 时光精选区域(图 1.11)可以查看新片预告片，配合宣传片了解影片的相关信息。在全球拾趣部分，了解电影明星的花边新闻、电影制片人导演的获奖等信息。

图 1.11 时光精选区域

(3) 底部的热门影评(图 1.12)用于影迷发表和查看电影评价信息。一部电影好与否，仁者见仁，智者见智，在这个版块，给电影热爱者一个展开心扉、畅所欲言的地方，为网站和影迷之间提供一个交互的平台，提升网站的亲和度。右侧的社区活动区域，定期发起有奖活动，鼓励影迷参与活动，通过活动提高对网站的关注度。

图 1.12 热门影评专区

2. 栏目分析

购票栏目如图 1.13 所示，此栏目的上侧，继续沿用了首页的风格，使用了相同的 Logo 和导航条。主体区域分为正在热映和即将上映两部分。在电影的介绍中为用户提供了选座购票的快捷链接。购票栏目层次分明，结构清晰。

图 1.13　购票专区

如图 1.14 所示，在商城首页，给出热卖的手机壳、卫衣等商品链接。商城的主体区域按照热门推荐、优选品牌、玩具模型、数码配件、服装箱包、居家生活等分区，内容丰富，布局整齐而又不失活泼。

图 1.14　正版商城专区

新闻栏目如图 1.15 所示，沿用了与其他栏目一致的设计风格。将最醒目最流行的新闻资讯置于中心位置，分区感强，色彩搭配和谐。

3. 网站特色分析

(1) 主题定位明确。网站展示最新、最热门的电影资讯信息。以这个主题为中心，网站

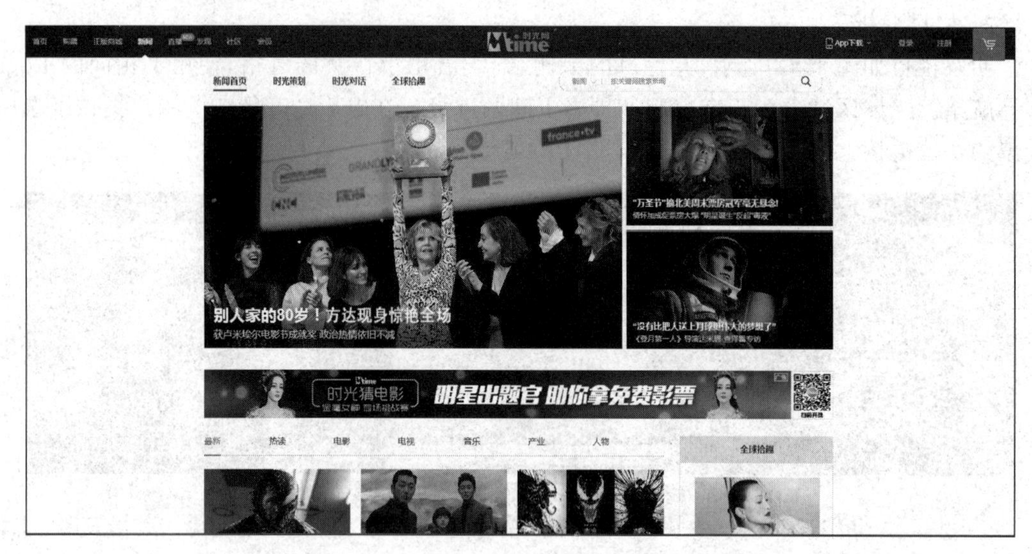

图 1.15　新闻栏目首页

分为购票、商城、新闻、直播等栏目，内容丰富，信息量大。

(2) 风格独特，颜色搭配出彩，布局整齐。

(3) 资讯更新及时，在网站多处能看到“今日”等文字，时间感强。另外，地域也很明确，根据浏览者的 IP 确定了所在地，网站上显示的信息都是浏览者所在城市的影视信息，服务贴切且到位。

(4) 提供交互的平台，当影迷需要发表影评，可以非常快捷地通过表单提交言论，也可以在虚拟社区参加讨论。

(5) 访问速度快，没有因为图片和媒体文件大而造成下载速度慢的影响。

一个优秀的网站应该具备的特点如下。

- 主题突出、内容丰富、全站围绕一个主题及周边内容进行建设；
- 网站整体的风格具有一定的创新性，色彩搭配鲜明，内容布局合理；
- 内容具有观赏性、普及性、艺术性、可读性，语言文字有特色。

本章小结

Web 也称为万维网(World Wide Web)。在万维网上存在海量的超文本信息资源，这些资源是存储在不同的服务器上，它们之间通过链接相互访问。

Web 1.0 是以数据为主体，数据是经过专业编辑人员提供，用户无法实现数据编辑。Web 2.0 注重于用户的交互，用户可以参与网页内容的建设。Web 3.0 是一个更加个性化，智能的时代，用户可以对多家网站信息整合使用，可以查看个性化的推荐信息。

Web 开发分两个层面，前端开发和后端开发。前端开发完成的是让用户浏览的界面设计，后端开发主要进行了是与数据库交互的设计以及对用户页面上操作的响应。前端开发和后端开发是 Web 开发中缺一不可的两个部分。

Web 中的网站是多个页面的集合。网页是在浏览器窗口中显示的页面。在表示网络资源路径时通常使用 URL。浏览网页是需要借助 HTTP 协议，它表示了一组超文本传输服务规范。Web 服务器是 Internet 上提供资源信息服务的计算机软件。Web 服务是一种基于 B/S 架构的服务，由客户端浏览器发起浏览请求，服务器响应请求。Web 浏览器负责解析 HTML 文件。

常见的 Web 前端开发技术有 HTML 技术、CSS 技术、JavaScript 技术和 jQuery 技术。

主流的浏览器有 IE、Google Chrome、Firefox、Opera 等浏览器。

Web 前端开发包括了需求分析、网站设计、网站制作、测试、维护和更新 5 个阶段。

常见的 Web 前端开发工具有 Sublime Text、EditPlus、Dreamweaver、HomeSite 等软件。推荐使用 Sublime Text 或 Dreamweaver 软件进行 Web 开发。

课后习题

(1) 上网浏览以下 4 种不同类型的网站，分析网站的结构、功能以及站点风格。

- 门户网站模式：新浪(http://www.sina.com)。
- 企业网站模式：中国工商银行网站(http://www.icbc.com.cn/icbc/)。
- 交易网站模式：敦煌网(http://seller.dhgate.com)。
- 电子政务网站模式：陕西政务大厅(http://www.sxhall.gov.cn/)。

(2) 浏览央视网站首页，网址为 http://www.cctv.com/，分析这个网站的特点。

第2章 HTML——网页骨架结构

2.1 HTML 基础

HTML 基础

HTML 是一种使用文本符号表示，由浏览器解释执行的标记语言。使用 HTML 语言编写的文件称为 HTML 文件，也叫网页文件，扩展名为 html 或 htm。HTML 文件是一种文本文件，可以使用记事本、Sublime Text、EditPlus 等文本编辑器编辑，或使用可视化编辑环境来编写，如 Dreamweaver。

HTML 文件通过浏览器解释执行，任何一台计算机，只要安装了浏览器就可以执行 HTML 文件。

小贴士：通过浏览器中的“查看”→“源文件”命令，用户可以查看网页的 HTML 代码。

1. HTML 文件结构

HTML 文件结构如下

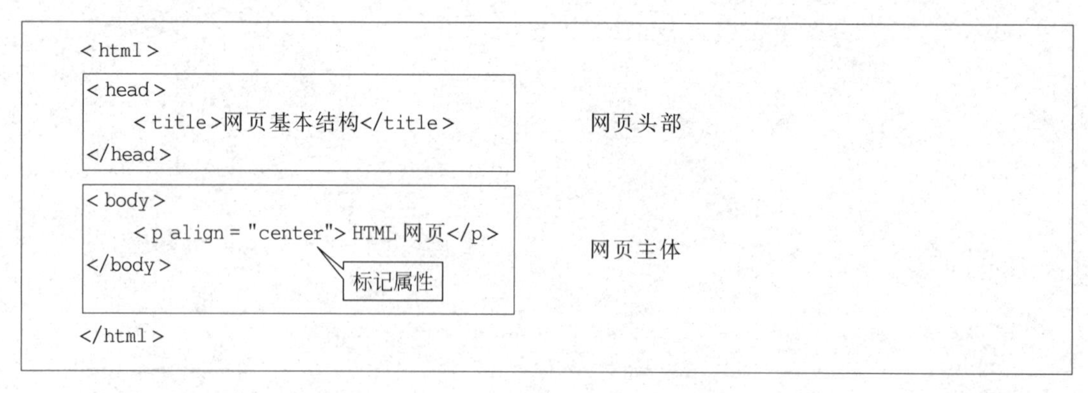

说明：

- 标记由一对尖括号和标记名组成，大多数标记都包括开始标记和结束标记；
- 开始标记和结束标记之间的内容是 HTML 标记所修饰的内容；
- 标记属性可以设置文本格式，如对齐方式、字体、大小、颜色；
- HTML 标记和属性不区分大小写，但是为了书写标准，最好使用小写形式书写；
- HTML 文档的根元素必须是 html，并且可以为它指明命名空间；
- 元素必须正确嵌套；
- 标记必须成对使用；

• 属性值必须用引号括起来。

HTML 的版本有 2.0、3.2、4.0、XHTML 1.0 到 HTML5。W3C 推荐的版本为 HTML4、XHTML 和 HTML5。

2. XHTML 标准

XHTML 是 HTML 向 XML 过渡的一种技术。它有严格的语法规则：

文档开始必须通过 DOCTYPE 声明，DOCTYPE 用来说明 HTML 的版本。

XHTML 提供了三种类型的 DOCTYPE，过渡类型、严格类型和框架类型。一定要将 DOCTYPE 声明放在 XHTML 文档的顶部，如表 2.1 所示。

表 2.1　三种类型的 DOCTYPE

编号	名称	值	描　述
1	过渡	"http://www.w3.org/TR/xhtml1/DTD/xhtml1-transitional.dtd"	过渡型的 DTD 定义，这种类型定义的文档语法要求不严格
2	严格	"http://www.w3.org/TR/xhtml1/DTD/xhtml1-strict.dtd"	要求严格的 DTD 定义，此类型定义的文档，对于代码要求严格
3	框架	"http://www.w3.org/TR/xhtml1/DTD/xhtml1-frameset.dtd"	针对框架页面所使用的 DTD 定义

(1) 用于 XHTML 1.0 过渡型定义：

```
<!DOCTYPE html PUBLIC "-//W3C//DTD XHTML 1.0 Transitional//EN" "http://www.w3.org/TR/xhtml1/DTD/xhtml1-transitional.dtd">
```

(2) 用于 XHTML 1.0 严格型定义：

```
<!DOCTYPE html PUBLIC "-//W3C//DTD XHTML 1.0 Strict//EN" "http://www.w3.org/TR/xhtml1/DTD/xhtml1-strict.dtd">
```

2.2　HTML 头部标记

HTML 头部标记

xmlns 属性可以在文档中定义一个或多个可供选择的命名空间。该属性可以放置在文档内任何元素的开始标签中。该属性的值类似于 URL，它定义了一个命名空间，浏览器会将此命名空间用于属性所在元素内的内容。

如果使用符合 XML 规范的 XHTML 语言开发网页文档，则应该在文档中的<html>标签中至少使用一个 xmlns 属性，以指定整个文档所使用的主要命名空间：

```
<html xmlns="http://www.w3.org/1999/xhtml">
```

2.2.1 <head>头部标记

<head>标记元素是所有头部元素的容器。<head>内的元素可包含脚本、样式、元信息等。

可以嵌套到 head 标记中的标签有<meta>(元标记)、<title>(标题标记)、<base>(链接默认地址)、<link>(链接外部样式表)、<script>(脚本标记)以及<style>(样式标记)。

2.2.2 <meta>元标记

meta 标记用来描述与网页相关的信息,如网页标题、字符集、关键词字、文档的作者等,这些信息不会显示在浏览器窗口中。

meta 标记的三个属性:

- name:设置属性名称,它的属性值使用 content 属性定义。
- content:设置属性值。
- http-equiv:HTTP 的文件头用于向浏览器传回一些有用的信息,以准确地显示网页内容,http-equiv 属性值通过 content 定义,content 中的内容是属性的值。

1. 设定网页关键字

语法:

```
< meta name = "keywords" content = "keywords1,kewords2,…,keywordsn">
```

说明:

- keywords 表示设置关键字。
- content 中设置具体关键字,多个关键字之间用英文逗号分隔。

2. 设置网页描述信息

语法:

```
< meta name = "discription" content = "some contents">
```

说明:

- discription 设置属性为“网页描述信息”。
- content 中设置具体描述内容。

3. 设置网页字符集

语法:

```
< meta http - equiv = "Content - Type" content = "text/html;charset = utf - 8">
```

说明:

- http-equiv 表示 HTTP 传输协议标题头。
- content-type 表示字符集。
- content 定义文档的类型和页面所使用的字符集,如表 2.2 所示。

表 2.2 网页中的字符集

编码	描　述
UTF8	电子邮件、网页及其他存储或传送文字的应用中,优先采用的编码。 世界性通用代码,支持中文编码,如果网站需要国外用户访问,最好使用 UTF-8
GBK	网页中默认的编码方式,GBK 兼容 GB2312 编码
GB2312	简体中文编码,主要针对国内用户使用,如果国外用户访问 GB2312 编码的网站就会变乱码
ISO-8859-1	单字节编码,字符范围为 0～255,应用于英文系列

部分知名门户网站采用的编码格式如表 2.3 所示。

表 2.3 编码格式

网　站	性能格式
tom. com	UTF-8
msn. com. cn	UTF-8
google. cn	UTF-8
baidu. com	GB2312
qq. com	GB2312
163. com	GB2312
sina. com	GB2312
sohu. com	GB2312
cn. yahoo. com	GB2312
taobao. com	GB2312
youa. com	GB2312
cctv. com	GB2312
51. com	GB2312

4. 设定网页自动刷新时间

使用 meta 标记设置间隔一定的时间刷新网页。

语法：

```
<meta http-equiv="refresh" content="x">
```

说明：

- refresh 表示刷新功能。
- content 属性定义间隔时间,时间以秒(s)为单位。

5. 网页自动跳转

语法：

```
<meta http-equiv="refresh" content="x;url=weburl">
```

说明：

- refresh 表示刷新功能。
- content 属性用来定义间隔的时间和跳转的页面地址。

【例 2.1】 编写一个网页,当在页面停留 3s 后自动跳转到咸阳师范学院(http://

www. xysfxy. cn)网站上。

操作方法：启动 sublime，输入 HTML 标记和属性，核心代码如下：

```
1  <!DOCTYPE html PUBLIC "http://www.w3.org/TR/xhtml1/DTD/xhtml1-transitional.dtd">
2  <html xmlns="http://www.w3.org/1999/xhtml">
3    <head>
4      <meta http-equiv="refresh" content="3;url=http://www.xysfxy.cn/">
5    </head>
6    <body>
7      跳转页面
8    </body>
9  </html>
```

2.2.3 <title>标记

<title>标记嵌套在<head>中，用来设置网页的标题，这个标题将显示在浏览器标题栏中。在 HTML 文档中<title>标记是必需的，它可以作为页面添加到收藏夹的标题，也可以作为搜索引擎搜索的页面标题。

语法：

```
<title>网页标题</title>
```

2.2.4 <base>标记

<base>标记为页面上的所有链接设置默认地址或默认目标。

【例 2.2】 <base>标记应用。

```
1  <!DOCTYPE html PUBLIC "http://www.w3.org/TR/xhtml1/DTD/xhtml1-transitional.dtd">
2  <html xmlns="http://www.w3.org/1999/xhtml">
3    <head>
4        <base href="http://www.xysfxy.cn/ " />
5        <base target="_blank" />
6    </head>
7    <body>
8        <a href="#">进入师院首页</a>
9    </body>
10 </html>
```

2.2.5 <link>标记

<link>标记定义当前文档与外部资源之间的关系，最典型的应用为连接外部样式表。

【例 2.3】 link 标记应用。

```
1  <!DOCTYPE html PUBLIC "http://www.w3.org/TR/xhtml1/DTD/xhtml1-transitional.dtd">
2  <html xmlns="http://www.w3.org/1999/xhtml">
```

```
3    <head>
4      <link rel = "stylesheet" type = "text/css" href = "style.css" />
5    </head>
6    <body></body>
7  </html>
```

2.2.6 <script>标记

<script>标记用来定义客户端脚本，如 JavaScript。

【例 2.4】 <script>标记应用。

```
1 <!DOCTYPE html PUBLIC "http://www.w3.org/TR/xhtml1/DTD/xhtml1 - transitional.dtd">
2 <html xmlns = "http://www.w3.org/1999/xhtml">
3    <head>
4      <script  type = "text/javascript">
5        document.write("Hello javascript!")
6      </script>
7    </head>
8    <body></body>
9  </html>
```

说明：网页中通过<script>标记定义脚本语句，脚本语句也可以定义在外部的 JS 文件中，网页使用 src 属性引用外部脚本文件。

```
<script  type = "text/javascript"  src = "myscript.js"/>
```

type 属性定义脚本的 MIME 类型。

2.2.7 <style>标记

<style>标记可以对 HTML 文档定义样式(格式)。

【例 2.5】 style 标记应用。

```
1   <!DOCTYPE html PUBLIC "http://www.w3.org/TR/xhtml1/DTD/xhtml1 - transigional.dtd">
2   <html xmlns = "http://www.w3.org/1999/xhtml">
3     <head>
4         <style type = "text/css">
5             p {color:red}
6         </style>
7     </head>
8     <body>
9         <p>你好</p>
10    </body>
11  </html>
```

网页中的所有 p 标记修饰的文字颜色为红色。

2.3 主体标记<body>

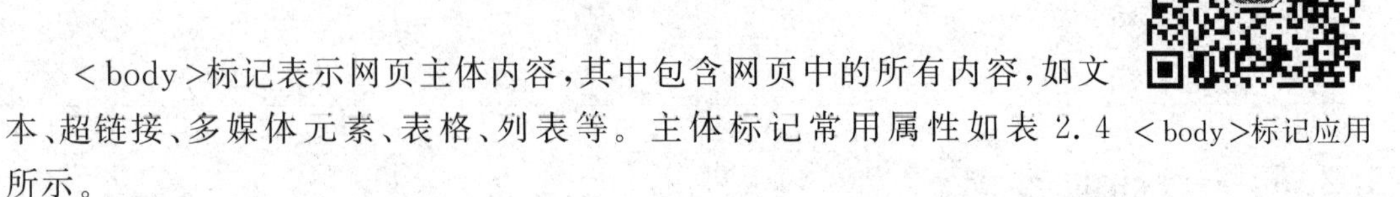

<body>标记表示网页主体内容，其中包含网页中的所有内容，如文本、超链接、多媒体元素、表格、列表等。主体标记常用属性如表 2.4 所示。

<body>标记应用

表 2.4 <body>标签常用属性

属性名	属性值	描述
bgcolor	表示颜色的英文名称； 十六进制 RGB 颜色值	设置网页的背景颜色
background	背景图片的 URL	为网页添加背景图片
leftmargin，rightmargin， topmargin，bottommargin	边距	网页与浏览器边框之间的间距
text	表示颜色的英文名称； 十六进制 RGB 颜色值	设置网页正文文字的颜色
link		设置网页中超链接文字的默认颜色
vlink		设置网页中访问过的超链接文字颜色
alink		设置网页中正在访问的超链接文字颜色

【例 2.6】 <body>标签的应用。

```
1   <! DOCTYPE html PUBLIC" - //W3C//DTDHTML1.0 Strict//EN" "http://www.w3.org/TR/xhtml1/
    DTD/xhtml1 strict.dtd">
2    <html xmlns = "http://www.w3.org/1999/xhtml">
3      <head>
4        <title>Document</title>
5      </head>
6      <body bgcolor = "blue" link = "white" alink = "yellow" vlink = "black" leftmar
7     gin = "100" topmargin = "  7  100">
8        <a href = "#">我是超链接文字</a>
9     </body>
10   </html>
```

第 1 行代码表示声明了文档的根元素是 html，它的公共标识符被定义为"-//W3C//DTD XHTML 1.0 Strict//EN"。浏览器将寻找匹配此公共标识符的 DTD，如果找不到，将使用公共标识符后面的 URL 作为寻找 DTD 的位置。

第 2 行代码表示定义了命名空间。

第 6 行代码，bgcolor 设置网页背景颜色；link 超链接文字未访问时颜色；alink 正在访问中文字颜色；vlink 访问过后文字颜色；leftmargin 设置页面内容与浏览器左边框的距离；topmargin 设置页面内容与浏览器上边框的距离。

第 8 行标签<a>用来设置超链接，超链接文字为“我是超链接文字”，href="#"表示单击链接文字后仍停留在当前页面(页面不会发生跳转)。

2.4 文字与分区标记

网页中的文本形式：

(1) 普通字符，可以直接录入。

(2) 空格，使用“ ”表示一个半角空格。

(3) 特殊字符，如双引号、货币符号、版权信息。特殊符号是在键盘上没有的字符，可以通过输入对应的命名实体进行录入，如表 2.5 所示。

表 2.5 常用特殊字符及命名实体

编 号	特殊符号	命名实体
1	￥	¥
2	<	<
3	>	>
4	©	©
5	…	…
6	™	™
7	“	″
8	‘	′

(4) 注释信息，对源代码进行说明，浏览器解析时忽略注释。

语法：

```
<! -- 注释信息 -->
```

2.4.1 <font>标记

<font>标记应用

<font>标记用来设置文字的字体、大小、颜色等属性。

语法：

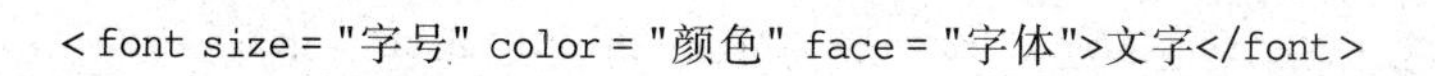

```
< font size = "字号" color = "颜色" face = "字体">文字</font >
```

属性如表 2.6 所示。

表 2.6 属性表

编号	属性	描 述	可 取 的 值
1	size	设置字号	取值范围为＋1～＋7，－1～－7，默认字号是 3 号字，正负值相对于页面默认字号增加或减少，＋1 表示 4 号，－1 表示 2 号
2	color	设置文字颜色	可以取 16 种颜色：aqua、black、blue、fuchsia、gray、green、lime、maroon、navy、olive、purple、red、silver、teal、white、yellow。可以使用十六进制的颜色值

续表

编号	属性	描　述	可 取 的 值
3	face	设置字体,可以同时设置多个字体,不同字体之间用逗号分隔	中文默认字体为宋体

浏览器支持性:所有主流浏览器都支持<font>标签。

【例 2.7】 使用 font 标记设置文字格式。

```
1  <html>
2    <head>
3        <meta http-equiv="Content-Type" content="text/html; charset=utf-8" />
4    </head>
5    <body>
6        <font face="微软雅黑,宋体,黑体" color="blue" size="7">普通文本</font>
7    </body>
8  </html>
```

font 标签中定义字体为微软雅黑,若用户使用的计算机中未安装这种字体,则选择第二种字体,文字颜色为蓝色,大小为标准字体 10 号。

2.4.2 <hn>标题标记

<hn>标记中的 n 为 1～6,n 值越大,标题文字越小。

语法:

```
<hn>标题文字</hn>
```

属性:align 表示对齐方式,可选 left、right、center,分别表示左对齐、右对齐、居中对齐。

【例 2.8】 标题标记的使用。

```
1  <html xmlns="http://www.w3.org/1999/xhtml">
2    <head>
3      <meta http-equiv="Content-Type" content="text/html; charset=utf-8" />
4    </head>
5    <body>
6      搜狐新闻
7      <h4>三省份承认 GDP 上报数据不实 为何主动挤水分?</h4>
8      <h5 align="right">新修订高中课程方案增加德语、法语和西班牙语科目</h5>
9    </body>
10 </html>
```

浏览器显示效果如图 2.1 所示。

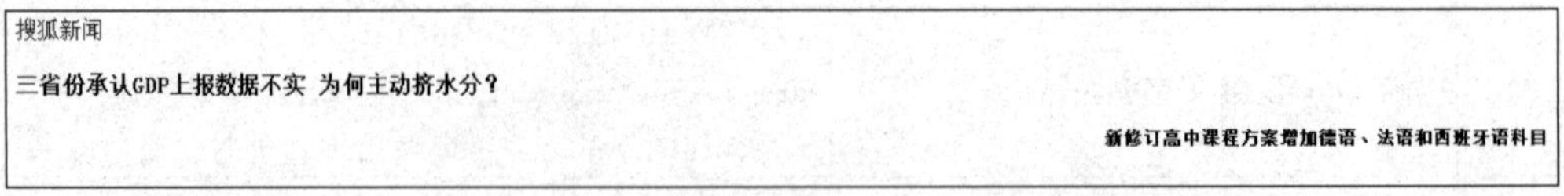

搜狐新闻

三省份承认GDP上报数据不实 为何主动挤水分?

新修订高中课程方案增加德语、法语和西班牙语科目

图 2.1　标题标记应用效果图

2.4.3 分区标记

1. 段落标记< p >

语法：

```
<p>段落文字</p>
```

浏览器会自动地在段落的前后添加空行(< p > 是块级元素)。

说明：段落标记需要成对使用(< p ></p >),忘记使用结束标记会产生错误。

段落标记的 align 属性,用来设置对齐方式,默认此属性表示段落文字左对齐。

用法：

```
<p  align = "center">段落文字</p>
```

段落文字位于浏览器窗口水平居中位置。

align 设置为 right 表示右对齐。

2. 换行标记< br/>

语法：

```
<br/>
```

说明：段落标记文字的行距比较大,换行标记的行距较小。连续使用两个< br/>,效果等同于一对< p >标记。

3. 预格式化标记< pre >

浏览器在解析源代码时,自动过滤代码中的换行符,同时将连续出现的空格当作一个半角的空格处理。如果需要保留源代码中的格式,可以使用< pre >标记。

【例 2.9】 预格式化标记使用。

```
1  <html xmlns = "http://www.w3.org/1999/xhtml">
2    <head>
3      <meta http - equiv = "Content - Type" content = "text/html; charset = utf - 8" />
4    </head>
5    <body>
6        <pre>
7        塞下曲之一
8        五月天山雪,
9        无花祇有寒.
10       笛中闻折柳,
12       春色未曾看.
13       </pre>
14   </body>
15 </html>
```

浏览器显示如图 2.2 所示。

说明：如果未使用< pre >标记，页面中的 5 行文字将会出现在同一行。

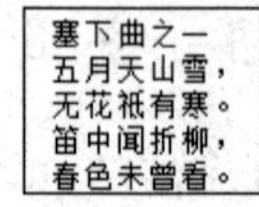

图 2.2 < pre >标记应用效果图

4. 居中标记< center >

语法：

```
< center >设置居中对齐的文字</center >
```

文字将显示在浏览器窗口水平居中的位置。

5. 缩排标记< blockquote >

语法：

```
< blockquote >设置缩进的文字</ blockquote >
```

【例 2.10】 缩排标记的使用。

```
1  < html xmlns = "http://www.w3.org/1999/xhtml">
2    < head >
3      < meta http - equiv = "Content - Type" content = "text/html; charset = utf - 8" />
4    </head >
5    < body >
6        < blockquote >
7        立秋,是二十四节气中的第 13 个节气,更是秋天的第一个节气,标志着秋季的正式开始:
         “秋”就是指暑去凉来。
8        立秋时,北斗指向西南。从这一天起秋天开始,秋高气爽,月明风清。此后,气温逐渐
         下降。
9        </blockquote >
10   </body >
11 </html >
```

浏览器中显示效果如图 2.3 所示。

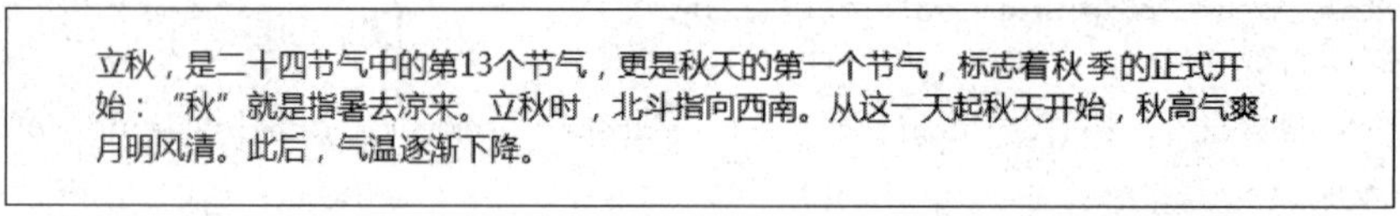

立秋，是二十四节气中的第13个节气，更是秋天的第一个节气，标志着秋季的正式开始：“秋”就是指暑去凉来。立秋时，北斗指向西南。从这一天起秋天开始，秋高气爽，月明风清。此后，气温逐渐下降。

图 2.3 blockquote 标记应用效果图

文本左侧出现一定的间距，也就是缩进。

未使用 blockquote 的显示效果如图 2.4 所示。

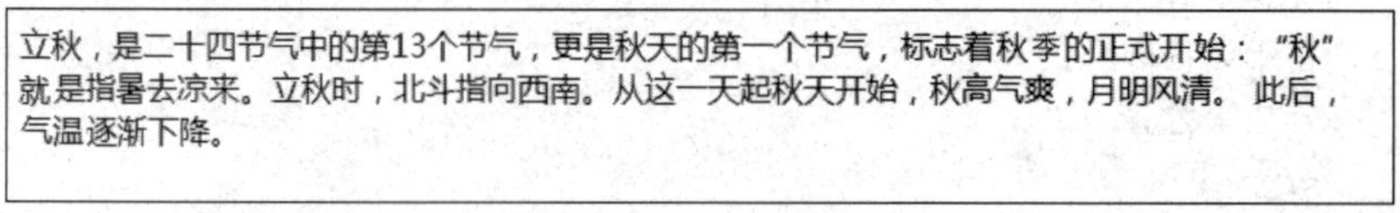

立秋，是二十四节气中的第13个节气，更是秋天的第一个节气，标志着秋季的正式开始：“秋”就是指暑去凉来。立秋时，北斗指向西南。从这一天起秋天开始，秋高气爽，月明风清。 此后，气温逐渐下降。

图 2.4 未使用 blockquote 效果图

6. 水平线标记<hr>

作用：<p>标记可以对文本设置分段，使网页结构更加清晰。使用<hr>标记会在网页中出现一条占满整个浏览器窗口的水平线。

语法：

```
<hr/>
```

【例 2.11】 水平线标记的应用。

```
1  <html xmlns = "http://www.w3.org/1999/xhtml">
2    <head>
3      <meta http-equiv = "Content-Type" content = "text/html; charset = utf-8" />
4    </head>
5    <body>
6        <hr/>
7        "世界怎么了、我们怎么办?"
8        <br/>
9        中国智慧绽放华彩
10     <hr/>
11   </body>
12 </html>
```

浏览器显示如图 2.5 所示。

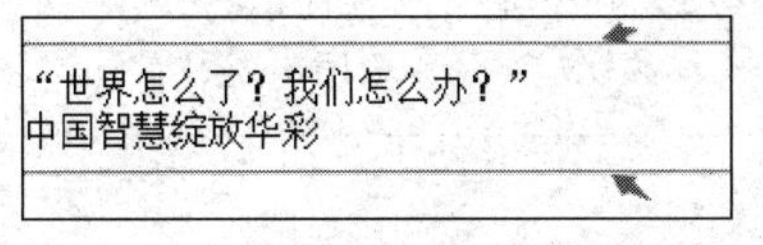

图 2.5 hr 标记应用效果图

网页中文本上方、下方出现水平线。水平线的属性如表 2.7 所示。

表 2.7 水平线标记常用的属性

编号	属性	描述	可取的值
1	size	定义水平线的宽度	以像素为单位的数值或相对浏览器窗口宽度的百分比
2	width	定义水平线的粗细	以像素为单位的数值或相对浏览器窗口高度的百分比
3	align	定义水平线相对于浏览器窗口的水平对齐方式	left，right，center 默认为居中对齐
4	noshade	定义为实心的效果，不带阴影	noshade
5	color	定义水平线颜色，默认为灰色	16 种颜色的英文单词或十六进制的颜色代码

例如：

```
<hr size = "90 %" width = "4" align = "right" noshade = "noshade" color = "red">
```

定义了一条占浏览器窗口宽度 90%，粗细为 4px，无阴影，颜色为红色，水平右对齐的水平线。

2.5 <a>超链接标记

语法：

```
<a href="target_url" target="_blank">超链接元素</a>
```

说明：

- href 属性定义了链接目标地址。
- target_url 是目标文件的路径或者网址，此路径可以用绝对路径或相对路径表示。绝对路径如 D:\work\index.html，相对路径如 work\index.html。
- 超链接元素可以是文本、图像或其他 HTML 元素。
- target 属性定义了被链接的文档将在哪里打开，_blank 表示打开一个新的浏览器窗口。

几种超链接类型：

(1) 页内链接，当链接的目标位置为当前文档内部的位置，称为页内链接。页内链接需要先定义书签，然后链接到书签所在位置。

语法：

```
<a  name="label">anchor</a><!-- 定义书签标记 -->
<a  href="#label">超链接元素</a><!-- 链向书签 -->
```

(2) 邮件链接。

语法：

```
<a  href="mailto:emailurl@site.com">链接文字</a>
```

(3) 图片链接，为图片设置超链接。

语法：

```
<a href="image_linkurl"><img  src="image_url.jpg"/></a>
```

<img>表示图像标记，image_url.jpg 为图像文件名称。

2.6 列表标记

HTML 支持有序列表和无序列表。无序列表是项目列表，项目默认使用粗体圆圈标记。有序列表是有顺序的项目列表，列表项目默认使用数字进行标记。

列表标记应用

无序列表始于<ul>标签，无序列表中可以嵌套多个列表项，每个列表项始于<li>标签。

【例 2.12】 无序列表标记应用。

```
1  <html xmlns = "http://www.w3.org/1999/xhtml">
2    <head>
3      <meta http - equiv = "Content - Type" content = "text/html; charset = utf - 8" />
4    </head>
5    <body>
6        <ul>
7          <li>列表项 1 </li>
8          <li>列表项 2 </li>
9        </ul>
10   </body>
11 </html>
```

浏览器中显示效果如图 2.6 所示。

有序列表始于 <ol>(orderlist) 标签,每个列表项始于 <li> 标签。

【例 2.13】 有序列表的应用实例。

```
1  <html xmlns = "http://www.w3.org/1999/xhtml">
2    <head>
3      <meta http - equiv = "Content - Type" content = "text/html; charset = utf - 8" />
4    </head>
5    <body>
6        <ol>
7          <li>列表项 1 </li>
8          <li>列表项 2 </li>
9        </ol>
10   </body>
11 </html>
```

浏览器显示效果如图 2.7 所示。

• 列表项1
• 列表项2

图 2.6 <ul>标记应用效果图

1. 列表1
2. 列表2

图 2.7 <li>标记应用效果图

注意:有序列表、无序列表标签均可以使用 type 属性设置项目符号。

【例 2.14】 有序列表 type 应用。

```
1  <html xmlns = "http://www.w3.org/1999/xhtml">
2    <head>
3      <meta http - equiv = "Content - Type" content = "text/html; charset = utf - 8" />
4    </head>
5    <body>
6        <ol type = "A">
7          <li>列表项 1 </li>
8          <li>列表项 2 </li>
```

```
9         </ol>
10    </body>
11  </html>
```

浏览器显示效果如图 2.8 所示。

type 属性可取的值如表 2.8 所示。

A. 列表1
B. 列表2

图 2.8 定义有序列表项目符号效果图

表 2.8 type 属性可取的值

编 号	可取的值	说 明
1	1	项目符号依次为 1,2,…
2	A	项目符号依次为 A,B,…
3	a	项目符号依次为 a、b…
4	I	项目符号依次为Ⅰ、Ⅱ…
5	i	项目符号依次为 i、ii…

列表嵌套列表。有序列表中嵌套有序列表和无序列表,无序列表可以嵌套无序列表和有序列表。

【例 2.15】 嵌套列表的应用。

浏览器中显示如图 2.9 所示。

说明:有序列表中嵌套无序列表,无序列表中的两项列表符号以默认的空心圆显示。

1. ∘ 计算机学院
   ∘ 外国语学院

图 2.9 嵌套列表效果图

```
1  <html xmlns = "http://www.w3.org/1999/xhtml">
2    <head>
3      <meta http - equiv = "Content - Type" content = "text/html; charset = utf - 8" />
4    </head>
5    <body>
6      <ol>
7          <li>
8             <ul>
9               <li>计算机学院</li>
10              <li>外国语学院</li>
11            </ul>
12         </li>
13     </ol>
14   </body>
15 </html>
```

2.7 多媒体标记

多媒体标记应用

网页中可以插入图片、声音、视频等多媒体元素。常用的多媒体标记如表 2.9 所示。

表 2.9　常用的多媒体标记

编号	标记或属性	说　　明
1	<img>	图像标记
2	background(属性)	可以用在<body><table><p><div>等标记中，设置元素的背景图片
3	bgcolor(属性)	可以用在<body><table><p><div>等标记中，设置元素背景颜色
4	<bgsound>	背景音乐标记
5	<embed>	多媒体标记
6	<object>	网页中嵌入 Flash 动画
7	<marquee>	滚动字幕标记

2.7.1　<img>图像标记

语法：

```
<img  src = "img_url.jpg"  alt = "image说明"/>
```

说明：

- src 属性定义了图像文件的地址。该地址可以是绝对路径或相对路径。
- img 是单标记，不能成对使用。
- alt 属性表示替换文字，当浏览器无法读取图像时用来替代图像的文字。

【例 2.16】 图像标记的使用。

```
1  <html xmlns = "http://www.w3.org/1999/xhtml">
2    <head>
3      <meta http-equiv = "Content-Type" content = "text/html; charset = utf-8" />
4    </head>
5    <body>
6      <img  src = "image/children.jpg"  alt = "成都妇女儿童医院二楼检验科照片" />
7    </body></html>
```

例中的图像 children.jpg 与当前网页在同一个站点文件夹中，可以使用相对路径。

当路径错误或网络原因图像不能正常显示时，将会显示文字“成都妇女儿童医院二楼检验科照片”。

2.7.2　background 属性

background 属性可以用在<body><table><tr><td><div>等标记中，用来设置元素的背景图像。

语法：

```
<body  background = "img_url.jpg" />
```

说明：当插入的图像尺寸小于网页的尺寸，图像将默认水平，垂直方向重复显示，如图 2.10 所示。

图 2.10　背景图重复显示网页截图

当插入的图像尺寸大于网页的尺寸时，背景图像只显示一部分。

2.7.3　bgcolor 属性

bgcolor 属性可以用在< body >< table >< tr >< td >< div >等标记中，用来设置元素的背景颜色。

语法：

```
<body  bgcolor = "color"/>
```

说明：

(1) 网站常用的浅色背景颜色：

① 白色＃ffffff；

② 浅灰色＃f0f0f0～＃f9f9f9，浅灰色又被称为万能色，与各种颜色都能直协调搭配。

(2) 网站常用的蓝、绿背景颜色：

① 深蓝色(颜色代码＃0000cc)，天蓝色(颜色代码＃2aa8d9)和青蓝色(代码＃00dfb9)蓝色带有严谨、严肃、求实等意义。

② 绿色(代码为＃0fba3b)代表绿色、健康、洁净。

2.7.4　< bgsound >标记

语法：

```
<bgsound  src = "file_url"  />
```

说明：网页载入之后自动播放背景音乐。

其他属性：

- balance 决定扬声器之间的音量如何分配，该属性取值在－10 000～＋10 000。
- loop 设置音频播放的次数，可以取一个数值或 infinite（无限次播放）。
- volume 决定音量大小，属性值为－10 000～0。

2.7.5 <embed>标记

语法：

```
<embed  src="file_url"  />
```

说明：

- alt 属性表示替换文字，当浏览器无法读取媒体文件时用来替代的文字。
- <embed>标记中还可以使用其他属性设置多媒体元素的效果。<embed>标记的常用属性如表 2.10 所示。
- file_url 表示多媒体文件名，多媒体文件的格式可以是 MP3、MID、WAV 等。

表 2.10 <embed>标记的常用属性

编　号	属　性	说　明
1	width	以像素或百分比为单位表示添加的元素的宽度
2	height	以像素或百分比为单位表示添加的元素的高度
3	loop	设置是否循环播放，默认值是 false
3	hidden	设置多媒体播放软件的可见性，默认是 false

例如，<embed>标记的使用。

代码：

```
<embed src="media/1.mp3"></embed>
```

浏览器中运行效果如图 2.11 所示。

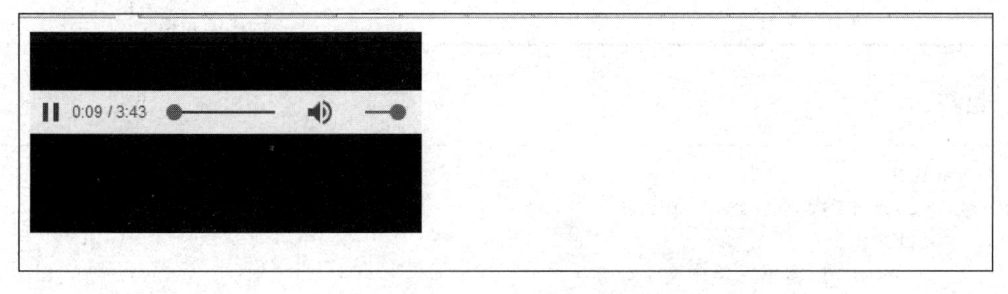

图 2.11　embed 标记应用效果图

不同的浏览器对音频格式的支持不同。如果浏览器不支持该文件格式，没有插件就无法播放音频。

2.7.6 <object>标记

语法：

```
<object classid="clsid:F08DF954-8592-11D1-B16A-00C0F0283628" id="Slider1"
width="100" height="50">
  <param name="BorderStyle" value="1" />
  <param name="MousePointer" value="0" />
  <param name="Enabled" value="1" />
  <param name="Min" value="0" />
  <param name="Max" value="10" />
</object>
```

说明：classid 唯一地标识要使用的播放器软件。该编码标识了在影片播放之前必须安装的 ActiveX 控件。如果用户未安装 ActiveX 控件，浏览器将自动下载并安装。

2.8 表格标记

表格标记应用

网页中可以使用表格制作数据表格，如成绩表、工资表等。在网页中，表格另外一个重要的用途是页面排版。可以将网页元素，如段落文字、图像、视频等元素放置在表格单元格中，从而使网页整齐而有条理。

2.8.1 表格常用标记

表格是一种结构性对象，包括行、列、单元格。

表格标记如表 2.11 所示。

表 2.11 常用的表格标记

编号	标记	说明
1	<table>	表格标记
2	<caption>	表格标题标记
3	<tr>	表格行标记
3	<td>	表格中数据单元格标记
4	<th>	标题单元格

语法：

```
<table>
    <caption>表格标题</caption>
    <tr>
        <th>标题单元格中文字</th>
    </tr>
    <tr>
        <td>单元格中文字</td>
    </tr>
</table>
```

说明：< table >标记是表格中最外层标记。< tr >标记表示表格中的行标记，一对< tr >表示表格中的一行。在< tr >中嵌套几对< td >标记，表示行中有几个单元格。

【例 2.17】 表格标记的使用。

```
1  <html xmlns="http://www.w3.org/1999/xhtml">
2    <head>
3      <meta http-equiv="Content-Type" content="text/html; charset=utf-8" />
4    </head>
5    <body>
6      <table width="600px" border="1">
7          <caption>2018年全年公休假放假安排_中国政府网</caption>
8          <tr>
9              <th>节日</th>
10             <th>放假时间</th>
11             <th>调休上班日期</th>
12             <th>放假天数</th>
13         </tr>
14         <tr>
15             <td>元旦</td>
16             <td>12月30日—1月1日</td>
17             <td>1月1日(周一)补休</td>
18             <td>共3天</td>
19         </tr>
20         <tr>
21             <td>春节</td>
22             <td>2月15日—2月21日</td>
23             <td>2月11日上班,2月24日上班</td>
24             <td>共7天</td>
25         </tr>
26         <tr>
27             <td>清明节</td>
28             <td>4月5日—4月7日</td>
29             <td>4月8日(周日)上班</td>
30             <td>共3天</td>
31         </tr>
32       </table>
33     </body></html>
```

浏览器中显示效果如图 2.12 所示。

2018年全年公休假放假安排_中国政府网

节日	放假时间	调休上班日期	放假天数
元旦	12月30日-1月1日	1月1日（周一）补休	共3天
春节	2月15日-2月21日	2月11日上班，2月24日上班	共7天
清明节	4月5日-4月7日	4月8日（周日）上班	共3天

图 2.12 表格标记应用效果图

说明：例中第 6～第 32 行代码用来创建 4 行 4 列的表格，表格第 1 行定义了 4 个标题单元格，默认字体加粗并居中，表格其余部分均是普通单元格，文字默认左对齐。表格的宽度为 600px，边框粗细为 1px。

2.8.2 表格标记常用属性

表格标记常用的属性如表 2.12 所示。

表 2.12 表格标记常用的属性

编　号	属　性	说　明
1	width	设置表格或单元格宽度
2	height	设置表格或单元格高度
3	align	设置表格或单元格中文字水平对齐方式
4	valign	设置单元格垂直对齐方式,可取的值为 top、bottom、middle、baseline
5	border	设置表格边框的值,默认为 0,表示边框不可见
3	bgcolor	设置表格或单元格背景颜色
4	background	设置表格或单元格背景图像
5	cellspacing	设置单元格之间的间距,常用在< table >标记中
6	cellpadding	设置单元格内容与单元格边之间的距离,常用在< table >标记中

如果将例 2.17 中表格边框设为 1 的实线线型可以配合 cellspacing=0 使用。

```
<table width = "600px" border = "1" cellspacing = "0">
```

例 2.17 在浏览器显示效果如图 2.13 所示。

2018年全年公休假放假安排_中国政府网

节日	放假时间	调休上班日期	放假天数
元旦	12月30日-1月1日	1月1日(周一)补休	共3天
春节	2月15日-2月21日	2月11日上班,2月24日上班	共7天
清明节	4月5日-4月7日	4月8日(周日)上班	共3天

图 2.13　设置边框的表格效果图

2.8.3 表格布局

表格经常用来对网页布局,在表格的单元格中插入文字、图像、音视频等元素,通过表格布局使元素整齐排列。

【例 2.18】 表格布局实例。

```
1  <html xmlns = "http://www.w3.org/1999/xhtml">
2    <head>
3      <meta http-equiv = "Content-Type" content = "text/html; charset = utf-8" />
4    </head>
5    <body>
6      <table cellspacing = "0" align = "center">
7        <tr>
8          <td>咸阳师范学院与西安财经大学签订研究生教育合作协议</td>
9          <td>查看详细</td>
10       </tr>
```

```
11        <tr>
12            <td>学校组织师生集中观看专题节目《榜样 4》</td>
13            <td><img src="table1.jpg" width="300px" height="200px"></td>
14        </tr>
15        <tr>
16            <td>陕西省地理学会 2019 年学术年会在咸阳师范学院召开</td>
17            <td><img src="table2.jpg" width="300px" height="200px"></td>
18        </tr>
19    </table>
20  </body></html>
```

浏览器中显示效果如图 2.14 所示。

咸阳师范学院与西安财经大学签订研究生教育合作协议查看详细

学校组织师生集中观看专题节目《榜样4》

陕西省地理学会2019年学术年会在咸阳师范学院召开

图 2.14　表格布局效果图

例 2.18 中定义了 3 行 2 列的表格，在表格第 1 列中插入文字元素，第 2 列中单元格中引入了图像元素。

2.9　表单标记

表单标记应用

表单是一种特殊的容器标签，在容器中可以插入网页标记，如表格、层；也可以插入表单交互组件，如文本框、密码框、单选按钮，从而获取用户输入的信息。利用表单可以将数据通过特定的方式提交，提交后由服务器端程序对信息进行处理。

表单可以与 JSP 或 ASP 等编程语言结合，同时也可以与前台的 JavaScript 合作，通过脚本控制用户输入的信息的合法性。在 Internet 中，很多网站都是通过表单采集客户端数据。

表单可以收集浏览者提交的信息或实现搜索等功能。网站上的在线注册、登录等功能都是通过表单实现的。要实现表单功能，必须包含两部分：含表单的网页和服务器端用于处理客户端数据的程序。因为涉及 Web 编程，服务器端程序本书暂不涉及。常用的表单标记如表 2.13 所示。

表 2.13 常用的表单标记

编号	标记	说明
1	<form>	表单域标记，表示表单的范围，所有的表单元素必须放在<form>标记中
2	<input>	用来设置表单输入元素，<input>元素根据不同的 type 属性，可以有多种形式，如文本框(text)、密码框(password)、单选框(radio)、复选框(checkbox)、按钮(button)、提交按钮(submit)等元素
3	<select>	下拉列表框标记，通过<option>元素定义下拉选项
4	<textarea>	文本域标记

2.9.1 <form>标记

语法：

```
<form>
   表单元素
</form>
```

<form>标记的常用属性如表 2.14 所示。

表 2.14 <form>标记的常用属性

编号	属性	说明
1	name	表单域名称
2	action	设置链接跳转
3	method	表单的跳转方法，决定了表单中已经收集的数据以何种方式发送到服务器端
4	onsubmit	指定处理表单的脚本程序

method 属性的值有 get 和 post 两种。get 方式会将用户输入的数据附加在 URL 之后，由客户端直接发送给服务器，是 method 属性的默认值。get 方式提交的数据速度快，但是数据不能太长，而且不具有保密性；post 提交时将表单的数据与 URL 分开，将数据写在表单主体内发送。它没有数据长度的限制，但速度相对较慢。

2.9.2 <input>标记

<input>标记用来设置表单中的输入元素，如文本框、密码框等。

语法：

```
<input  type="element_type"  name="element_name" id="element_id"/>
```

说明：type 表示输入元素的类型，可选类型如表 2.15 所示。name 表示输入元素的名称；id 表示表单元素的编号，在一个表单域中，id 必须唯一。

表 2.15 type 类型

编　号	属　性	说　明
1	text	单行文本框
2	password	密码框
3	radio	单选按钮
4	checkbox	复选框
5	submit	提交按钮
6	reset	重置按钮
7	button	普通按钮
8	file	文件域
9	hidden	隐藏域

1. 文本框

文本框提供用户输入文本信息的区域。

语法：

```
< input  type = "text"  name = "text_name" id = "text_id"maxlength = "length" size =
"textsize" value = "some value"/>
```

说明：

- maxlength：最多可输入的字符数。
- size：文本框的长度，单位为像素，默认 24 像素。
- value：文本框的默认值。

2. 密码框

密码框是提供用户输入密码信息的区域。

语法：

```
< input  type = "password"  name = "pw_name" id = "pwd_id"maxlength = "length" size =
"textsize"value = "some value"/>
```

说明：

- maxlength：最多可输入的字符数。
- size：密码框的长度，单位为像素(px)，默认 24px。
- value：密码框的默认值。

3. 单选按钮

单选按钮为用户提供一组选项中选择的项。单选按钮用一个空心的圆表示。

语法：

```
< input  type = "radio"  name = "radiogroup_name"  value = "radiovalue"  checked =
"checked"/>
```

说明：

- name：设置单选按钮所在按钮组的名称，同一个单选按钮组中的多个按钮，某一个时刻只能有一项被选中。
- value：按钮选中后传到服务器的值。
- checked：表示单选按钮被选中。

4. 复选框

复选框可以在一组选项中多选。复选按钮用空心的矩形表示。

语法：

```
<input type="checkbox" name="checkgroup_name" value="checkvalue" checked=
"checked"/>
```

说明：

- name：设置复选框所在按钮组的名称，同一个复选按钮组中的多个按钮，某一个时刻可以有多项被选中。
- value：按钮选中后传到服务器的值。
- checked：表示复选框被选中。

5. 提交按钮

提交按钮用来将表单数据提交到服务器。

语法：

```
<input type="submit" name="submit_name" value="submittext"/>
```

说明：

- name：设置提交按钮的名称。
- value：提交按钮上显示的文本。

6. 重置按钮

重置按钮用来清除表单中输入的内容，将表单中的内容恢复成默认的值。

语法：

```
<input type="reset" name="reset_name" value="resettext"/>
```

说明：

- name：设置重置按钮的名称。
- value：重置按钮上显示的文本。

7. 普通按钮

按钮用来触发处理表单的动作，经常与 JavaScript 脚本配合对表单进行验证操作。

语法：

```
<input type="button" name="button_name" value="buttontext" onclick=
"javascript_function"/>
```

说明：

- name：设置普通按钮的名称。
- value：普通按钮上显示的文本。
- onclick：表示处理表单的脚本函数。

8. 文件域

input 标记的 type 属性值为 file 时可以创建文件域。

语法：

```
<input  type="file"  name="file_name"/>
```

说明：name 为设置文件域的名称。

文件域显示效果如图 2.15 所示。

图 2.15　文件域效果图

9. 隐藏域

隐藏域是一个隐藏的区域，浏览者无法看到，主要用途是在不同页面之间传递数据。

语法：

```
<input  type="hidden"  name="hidden_name"  value="hidden_value"/>
```

说明：

- name：设置隐藏域的名称。
- value：隐藏域传递的值。

2.9.3 <select>下拉列表框标记

<select>标记为用户提供选择的选项列表。

语法：

```
<select  name="selectname">
    <option  value="value1"  selected="selected"> option-1 </option>
    <option  value="value2"  > option-2 </option>
</select>
```

说明：

- name：设置列表的名称。
- value：选项的值。
- selected：设置选中选项。

可使用的属性：

- size：设置能同时显示的列表选项个数。默认为 1，表示下拉菜单，当 size 值大于 1 表示下拉列表框。
- multiple：设置列表中的项目可以多选。

2.9.4 <textarea>文本域标记

文本域标记可以用来接收多行文本信息。

语法：

```
<textarea  name="textarea_name"  rows="rows_number"  cols="cols_number">
    Text…
</textarea>
```

说明：

- name 属性表示文本域的名称。
- rows 属性设置文本域的行数。
- cols 属性设置文本域一行的字符数。

【例 2.19】 表单标记综合实例。

```
1  <html xmlns="http://www.w3.org/1999/xhtml">
2    <head>
3      <meta http-equiv="Content-Type" content="text/html; charset=utf-8" />
4    </head>
5    <body>
6      <table cellspacing="0" width="260px">
7        <form action="" name="baiduform" method="post">
8          <tr>
9            <td>手机号</td>
10           <td><input type="text"  name="phonetext" /></td>
11         <tr>
12           <td>密码</td>
13           <td><input type="password"  name="pwtext" /></td>
```

```
14          </tr>
15          <tr>
16            <td>图片验证码</td>
17              <td><input type="text"  name="validatetext" /></td>
18        </tr>
19        <tr>
20          <td colspan="2"><input type="checkbox" name="checkagree">阅读并同意太合
用户注册协议
21          </td>
22  </tr>
23        <tr>
24          <td colspan="2"><input type="submit" name="注册" class="submit"></td></tr>
25        </form>
26     </table>
27   </body></html>
```

浏览器中的显示效果如图 2.16 所示。

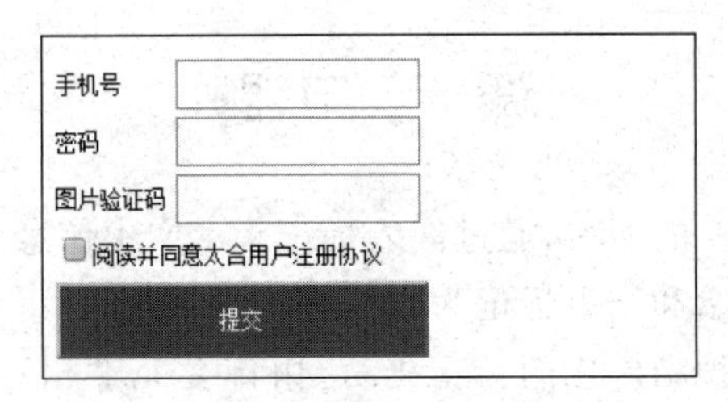

图 2.16　表单标记应用效果图

为了使表单中的元素排列整齐，在例 2.16 中使用 5 行 2 列的表格布局。第 4 和第 5 行只有一个单元格，可以使用 colspan 属性设置单元格合并，代码如下。

```
<td colspan="2"><input type="checkbox" name="checkagree">阅读并同意太合用户注册协议
</td>
```

本章小结

HTML 表示超文本标记语言，HTML 中大多数标记是成对使用的，标记之间存在嵌套关系，标记不区分大小写，但是为了标准统一，建议使用小写的标记。HTML 文件通过浏览器解析，对于不同浏览器因为使用的内核不同，所以解析的效果会有一定的区别。

头部标记是网页的头部，其中包含网页的标题标记、链接外部样式标记、脚本和样式的链接标记和元标记。

主体标记表示网页的主体内容，网页中的所有元素都嵌套在主体标记中，如文字信息、超链接、多媒体信息等元素。可以为主体标记设置背景颜色、背景图片等属性。

文字与段落标记：文字信息可以通过键盘输入，对于键盘上没有的特殊字符，可以使用命名实体。文字格式标记最常用的是<font>标记、标题最常用的格式标记是<hn>标记、段落使用的标记是< p >标记、换行使用< br >标记（单标记）、设置文字居中显示的< center >标记、设置缩进的< blockquote >标记、水平线的< hr >等标记。

可以为文本、图像、水平线等网页元素设置超链接，设置超链接时，注意正确表示链接目标位置的地址。

列表标记包括有序列表、无序列表和自定义列表。有序列表列表项目使用数字进行标记，无序列表列表符号为项目符号。

多媒体标记可以为网页中添加图像（用< img >标记），设置背景图像（如为< body >标记添加 background 属性），设置背景音乐（用< bgsound >标记），嵌入音频、视频等元素（用< embed>标记），设置元素滚动（用< marquee >标记）。

表格标记在网页制作中使用的比较频繁，主要用来对页面元素布局。表格中包括标题、行、单元格等元素。在使用标记时注意嵌套关系。

表单标记用于收集用户的信息。表单中常用的标记有表单域标记< form >、输入标记< input >、选择列表标记< select >、文本域标记< textarea >。表单在提交时数据是以 form 为单位提交，所以一定要将表单元素标记嵌套在< form >标记中。

课后习题

（1）HTML 是________的缩写，通过嵌入标记来示文本信息。

（2）HTML 文档的开始和结束标记为________。

（3）HTML 文件是一种结构化的标记语言，由许多元素相互嵌套而成，其中最顶层的元素是________。

第3章　CSS——网页美丽的衣装

本章学习CSS基础理论和使用方法，通过大量实例学习CSS的基本语法和概念，学习设置文字、图片、背景、表格等网页元素样式的方法以及如何用DIV＋CSS进行网页布局。

3.1　CSS概念

CSS概念

CSS表示层叠样式表。通过CSS可以对网页的字体、颜色、背景等设置，可以结合DIV对网页进行布局。CSS的出现引发了网页设计布局技术的变革。

使用CSS控制网页格式的方法有行内法、内嵌式、链接式和导入式等。例3.1使用内嵌式样式。所谓内嵌式样式，是通过<style>标记将样式定义在HTML文件的头部。

【例3.1】　CSS小试牛刀。

```
1  <html>
2    <head>
3      <title>内嵌式样式</title>
4        <style type = "text/css">
5        p{
6          font - family:隶书;
7          font - size:20px;
8          text - decoration:underline;
9          }
10    </style>
11    </head>
12    <body>
13    <p>CSS小试牛刀,文字隶书,20px,带下画线。
14  </body>
15  </html>
```

预览效果如图3.1所示。

网页文件中定义了<p>标记选择器样式，设置字体为隶书，大小为20px，带下画线。只要此网页中出现<p>标记，系统将会自动应用新样式。

在CSS中，样式的定义遵循一定的语法要求。

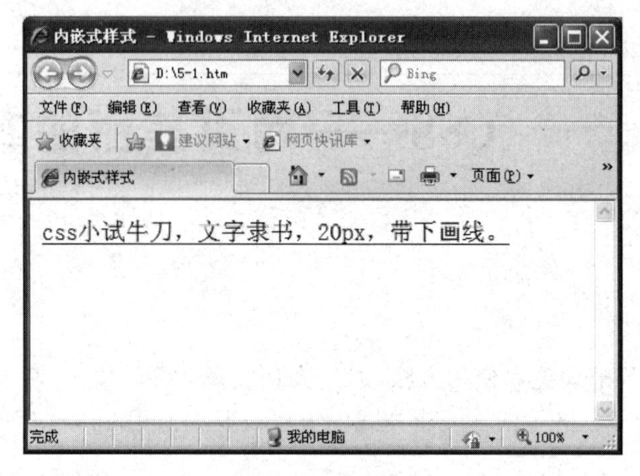

图 3.1　样式效果图

3.1.1　CSS 基本语法

```
选择器{
属性 1:属性值 1;
属性 2:属性值 2;
⋮
}
```

说明：选择器表示样式的名称。例 3.1 定义的选择器为 p，p 在 HTML 中为段落标记，因此例 3.1 重新定义了段落标记的样式，网页中所有<p>标记的样式发生了变化。

属性是设置元素的格式，如字体、字号、颜色等。

3.1.2　CSS 的三种基本选择器

在 CSS 中，选择器分为基本选择器和复合选择器。基本选择器包括 HTML 标记选择器、class 选择器和 ID 选择器。

1. HTML 标记选择器

语法：

```
HTML 标记{
            属性 1:属性值 1;
            属性 2:属性值 2;
            ⋮}
```

例如：

```
div{
        width:300px;
        height:300px;
}
```

代码中定义了 div 选择器，大小为 300px×300px，网页中只要出现< div >标记，则都按照这个尺寸显示。

标记选择器的特点：定义了标记选择器之后，网页中该标记的样式均发生改变。

2. class 选择器

class 选择器也称为类选择器，class 选择器的名称以英文句点开始，后面为英文单词。

(1) class 选择器定义。

类选择器定义语法：

```
.classname{
          属性 1:属性值 1;
          属性 2:属性值 2;
…}
```

例如：

```
.first{
          border:1px solid black;
          color:red;
    }
```

类选择器 first 的样式为，边框为 1px 黑色的实线，文字颜色为红色。

(2) class 选择器应用语法：

```
<html 标记 class = "classname"></html 标记>
```

例如：

```
<div class = "first"></div>
<p class = "first"></p>
```

在< div >和< p >标记中均应用 first 类选择器，此时< div >和< p >拥有 first 中定义的属性，边框为 1px 黑色的实线，文字颜色为红色。

class 选择器的特点：当修改了类选择器之后，只有应用此类选择器的标记样式发生改变。

3. ID 选择器

ID 选择器名称是以英文＃开始，选择器定义之后需要使用 id 属性应用样式。

(1) 选择器定义。

语法：

```
#IDname{
        属性 1:属性值 1;
        属性 2:属性值 2;
          ⋮
        }
```

例如：

```
#title{
            font - size:14px;
            font - weight:bold;
    }
```

ID 选择器的 title,文字大小是 14px,粗体显示。

(2) 定义 ID 选择器应用。

选择器应用语法：

```
<html 标记 id = "IDname"></html 标记>
```

例如：

```
<div id = "title"></div>
```

在< div >标记中应用 ID 选择器 title,此时该< div >标记拥有 title 定义的属性,文字大小是 14px,粗体显示。

ID 选择器的特点：在网页中定义了 ID 选择器样式之后,只有应用这个 ID 选择器的标记样式发生改变。与 class 选择器不同的是,ID 选择器在网页中只能应用一次。

3.1.3 CSS 样式表的 4 种引入方法

使用 CSS 控制网页格式的方法有行内样式、内嵌式、链接式和导入式等方法。

1. 行内样式

通过 style 属性定义在 HTML 标记内部的样式称为行内样式,行内样式只能影响该标签内的对象,无法影响另一个标签内对象样式。

语法：

```
<html 标签 style = "属性 1:属性值 1;属性 2:属性值 2;…">
```

例如：

```
<p style = " border:1px solid black;color:red">
```

说明：行内样式可以应用在< body >标记的所有子标记,包括< body >标记在内,但不能用在< head >< title >< meta >等标记中。

2. 内嵌式

用< style >标记设置样式的方法称为内嵌式样式。

语法：

```
<style type = "text/css">
    选择器{
```

```
            属性 1:属性值 1;
            属性 2:属性值 2;
        …}
</style>
```

说明：

- <style>标记用来声明样式；
- type 属性表示 CSS 的 MIME 编码；
- 选择器可以是 3.1.2 节中介绍的三种选择器。

例如，定义一个内嵌式标记选择器：

```
<style type = "text/css">
div{
    width:300px;
    height:300px;
 }
</style>
```

3. 链接式

链接式是指引用外部独立的 CSS 文件。定义了外部样式之后，网站中的所有网页都可以引用此样式。方法为，在网页中通过<link>标记链接 CSS。

语法：

```
<link href = "cssurl.css" rel = "stylesheet" type = "text/css">
```

说明：

- href 表示外部样式表文件的路径；
- rel 表示浏览器引用的是 CSS 文件；
- type 属性表示 CSS 的 MIME 编码。

一个外部的样式表文件可以应用于多个网页，当改变外部样式表文件时，所有的页面样式都将随之改变。

【例 3.2】 将例 3.1 中的样式定义到外部的样式文件 cssurl.css 中，CSS 文件中样式代码如下：

```
div{
    width:300px;
    height:300px;}
```

网页源代码如下：

```
1  <html>
2    <head>
3      <link href = "cssurl.css" rel = "stylesheet" type = "text/css">
4    </head>
```

```
5    <body>
6      <div>hello world!</div>
7    </body></html>
```

4. 导入式

与<link>标记类似,使用@import 可以导入外部的样式,但是@import 只能在<style>标记中使用,而且必须放在其他 CSS 样式之前。

语法:

```
<style type="text/css">
    @import url(外部样式 url);
</style>
```

说明:使用导入式样式注意,引用外部样式语句结束一定要写上分号。

3.2 CSS 常见样式

设置文字样式

3.2.1 设置文字样式

CSS 可以对网页中的文字格式进行设置,常见的文字格式如表 3.1 所示。

表 3.1 文字格式属性

文本属性	说　明
font-size	定义字体大小(单位有 pt、pc、px、in、cm、mm)
font-family	定义字体类型(宋体,隶书,楷体)
font-style	定义字体样式(italic 斜体,normal 正常)
color	设置文本的颜色(可以是表示颜色的英文单词,或 RGB 颜色值)
font-weight	定义文字粗细(可以给出一个数值,数值越大文字越粗)
text-decoration	定义文字特殊效果(可取 underline,overline,line-through)
text-indent	定义文字首行缩进

【例 3.3】 制作 Google 公司的 Logo,如图 3.2 所示。

图 3.2 Logo 效果图

分析:该 Logo 由 6 个字母构成,每个字母具有一定的格式,可以分别为其定义样式。

```
1  <html>
2    <head>
```

```
3       <title>Google</title>
4       <style>
5         p{
6           font-size:80px;
7           letter-spacing:-2px;
8           font-family:Arial, Helvetica, sans-serif;
9           }
10      .g1, .g2{ color:#183dc6; }
11      .o1, .e{ color:#c61800; }
12      .o2{ color:#efba00; }
13      .l{ color:#32c33a; }
14    </style>
15  </head>
16  <body>
17    <p><span class="g1">G</span>
18        <span class="o1">o</span>
19        <span class="o2" >o</span>
20        <span class="g2" >g</span>
21        <span class="l">l</span>
22        <span class="e">e</span>
23    </p>
24  </body></html>
```

第 7 行代码设置字母间距，第 10～第 13 行代码为 Google 中的 6 个字母分别定义了样式，第 17～第 22 行代码应用样式。

设置图片样式

3.2.2 设置图片样式

可以为图片设置边框、位置等属性，具体属性如表 3.2 所示。

表 3.2 图片属性表

图片属性	说明
border-style	设置图片边框的线型，可选 dashed、dotted、groove、solid
border-color	设置图片边框颜色
border-width	设置边框粗细
border	将线型、颜色、粗细属性合并成一条语句，如 border：5px double #ffooff
text-align	设置水平对齐方式，可选 left、right、center
vertical-align	设置文字垂直对齐方式，可取 bottom、super、sub、middile 等
float	设置图片环绕文字方式，可选 left 或 right
margin	设置图片与文字之间距离
width	定义图片宽度，可以给一个相对值（百分比），表示相对于父元素的宽度
height	定义图片高度

【例 3.4】 设置图片边框效果。

利用 CSS 为图片的 4 个边框设置不同的样式风格。

```
1  <html>
2    <head>
3      <title>分别设置 3 边框</title>
4      <style>
5        img{
6              border-left:5px dotted #FF9900;
7              border-right:2px dashed #33CC33 ;
8              border-top: 10px #CC00FF solid;
9              border-bottom: 15px groove #666;
10             }
11     </style>
12   </head>
13   <body>
14     <img src = "grape.jpg">
15   </body></html>
```

代码第 6～第 9 行分别定义了 img 标记的上右下左边框样式。网页效果图如图 3.3 所示。

图 3.3 img 样式应用

3.2.3 设置背景样式

设置背景样式

利用 CSS 为网页元素设置背景颜色和背景图片。在 CSS 中背景的属性如表 3.3 所示。

表 3.3　背景属性表

背景属性	说　明
background-color	设置背景颜色
background-image	设置背景图像 URL(图片路径)
background-repeat	设置背景图像是否重复出现以及以哪种方式重复显示,可取值 repeat-x、repeat、no-repeat、repeat-y
background-position	设置背景图片的位置,如 bottom right(右下角位置)
background-attachment	设置背景图片是否固定,默认值为 fixed(固定背景图片)

【例 3.5】 为网页添加背景样式。

```
1  <html>
2    <head>
3      <style>
4        body{
5                 padding:0px;
6                 margin:0px;
7                 background - image:url(jiuzg.jpg);
8                 background - repeat:no - repeat;
9                 background - position:bottom right;
10                background - color:#eeeee8;}
11     span{
12                font - size:70px;
13                float:left;
14                font - family:黑体;
15                font - weight:bold;}
16     p{
17                margin:0px; font - size:13px;
18                padding - top:10px;
19                padding - left:6px;
20                padding - right:8px;}
21     </style>
22   </head>
23 <body>
24     <p><span>九</span>寨沟大多数湖泊形成源于水中所含碳酸钙。远古时代,地球处于冰期时,
25     水中所含碳酸钙质无法凝结,只能随水漂流。到距今约 12000 年前,气候转暖后流水中的碳酸
26     钙质活跃起来,一旦遇到障碍物便附着其上,逐渐积累,形成今天九寨沟中一条条乳白色的钙质
27     堤埂,这些堤埂堆积起来形成堰塞湖,也就是所谓的"海子"…</p>
28 </body>
29 </html>
```

程序第 7 行定义网页主体部分背景图片,第 8 和第 9 行代码定义背景图像不重复及图像位置,第 13 行代码定义 span 标记中的文字首字放大。

浏览器运行效果如图 3.4 所示。

在网页中"九"字有首字下沉效果,图片作为背景出现在网页的右下位置。

图 3.4 首字下沉效果图

3.2.4 设置项目列表

项目列表中应用了 CSS 后，可以将列表制作成导航条形式。

项目符号中常用的 CSS 属性如表 3.4 所示。

设置项目符号

表 3.4 列表样式表

列表属性	说明
list-style-type(用于 ul 标记)	定义是否显示项目符号
list-style-image	设置图片符号
float(用于 li 标记)	定义水平或垂直显示项目

【例 3.6】 项目符号样式应用。

```
1  <html>
2    <head>
3      <title>菜单的横竖转换</title>
4      <style>
5        ul{
6             list-style-type:none;
7          }
8        li{
9             float:left;
10            margin:2px;   }
```

```
11          a{
12              display:block;
13              text - decoration:none;
14              margin:3px;}
15          </style>
16        </head>
17  <body>
18    <div>
19      <ul>
20          <li><a href = "#"> Home </a></li>
21          <li><a href = "#"> News </a></li>
22          <li><a href = "#"> Suggestions </a></li>
23          <li><a href = "#"> BBs </a></li>
24      <li><a href = "#"> Contact us </a></li>
25    </ul>
26   </div>
27  </body></html>
```

程序中第 6 行代码定义不显示项目符号，第 9 行代码将项目列表转换成水平列表，第 11 行代码将 a 标记转换成区块元素。程序运行效果如图 3.5 所示。

图 3.5　项目符号预览效果图

此外还可以为超链接设置不同的伪类别(分别代表不同的状态)。

3.2.5　设置超链接样式

设置超链接

超链接有 4 种伪状态：

- a：link 表示超链接普通样式；
- a：visited 表示被点击过超链接样式；
- a：hover 表示鼠标指针经过超链接的样式；
- a：active 表示在超链接上单击时超链接的样式。

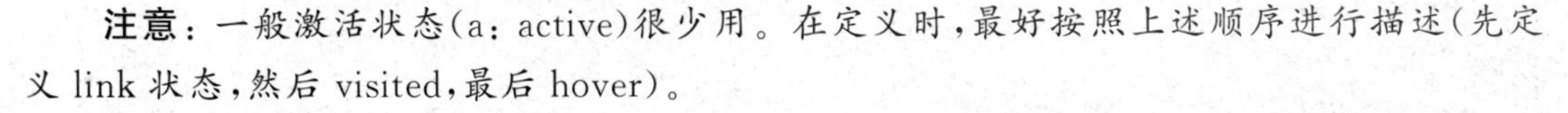

注意：一般激活状态(a：active)很少用。在定义时，最好按照上述顺序进行描述(先定义 link 状态，然后 visited，最后 hover)。

【例 3.7】　在例 3.6 的基础上，增加超链接的三种伪状态，做出动态变化的超链效果。

```
1  a:link{
2      color:#002255;
3      text - decoration:none;}
4  a:visited{
5      color:#003399;
```

```
6       text-decoration:underline;}
7   a:hover{
8       color:#ffff00;
9       text-decoration:none;}
```

3.3 DIV+CSS 布局

盒子模型

3.3.1 盒子模型

1. 盒子标记

在网站开发中，经常将网页元素放置在<div>或<span>盒子中。通过控制盒子的位置达到网页布局的目的。

1) <div>标记

<div>是区块标记，区块元素会自动换行。在<div>标记中可以容纳段落、标题、表格等多种 HTML 元素。

语法：

```
<div></div>
```

在网页中，块级元素还有<table>标记、<p>标记等元素。

2) <span>标记

<span>标记表示行内元素，在行内元素前后不会自动换行，同时没有结构意义。<span>标记也是一个容器，可以放置段落、标题、表格、图片等网页元素。

语法：

```
<span></span>
```

【例 3.8】 <div>和<span>标记应用。

```
1  <html>
2    <head>
3    <style type="text/css">
4        img{
5            width:200px;}
6    </style>
7    </head>
8    <body>
9        div 标记应用
10       <div><img src="img1.jpg"></div>
11     <div><img src="img1.jpg"></div>
12     span 标记应用
13     <span><img src="img1.jpg"></span>
14     <span><img src="img1.jpg"></span>
15 </body></html>
```

上述代码在浏览器中的运行效果如图 3.6 所示。

图 3.6 < div >标记和< span >标记运行效果图

< span >元素在使用时，如果一行没有占满就不会自动换行。< span >元素没有结构上的意义，纯粹是为了应用样式。如果网页中其他标记都不适合时，可以试试< span >元素。

2. 盒子模型

网页中可以将很多标记（如< p >标记、< img >标记等）都看作盒子，盒子都具有边框，有一定的尺寸，占据着页面的一定的空间。通过调整盒子的边框、距离、内边距和外边距参数可以控制盒子的位置。

盒子模型常用的 CSS 属性如表 3.5 所示。

表 3.5 盒子模型的样式表

属　　性	CSS 名称	说　　明
边界属性	margin-top	设置盒子距外部其他盒子的上边距
	margin-right	设置盒子距外部其他盒子的右边距
	margin-bottom	设置盒子距外部其他盒子的下边距
	margin-left	设置盒子距外部其他盒子的左边距
边框属性	border-style	设置盒子边框的样式
	border-width	设置盒子边框的宽度
	border-color	设置盒子边框的颜色
填充属性	padding-top	设置内容与盒子上边框之间的距离
	padding-right	设置内容与盒子右边框之间的距离
	padding-bottom	设置内容与盒子下边框之间的距离
	padding-left	设置内容与盒子左边框之间的距离

3. 盒子元素的定位

在 CSS 中，可以通过下面两种方式对网页中的盒子进行定位。

1) float 定位

float 定位是设置元素相对于其他网页元素的定位方式，可以设置为 left、right 或默认 none。

在标准流中，一个块元素（独占一行的元素，如< div >、< p >、< table >等元素）在水平方向上会自动伸展，在垂直方向上和其他块级元素依次排列。如果希望块级元素并排显示的话，可以通过浮动方式实现。当设置了浮动属性，此时元素将脱离标准流，后面盒子将移动到元素所在位置。当 float 取值为 left 或 right,元素就会向父元素的左侧或右侧紧靠。设置了浮动,盒子的宽度不再延伸,会根据盒子中的内容决定宽度。当 float 设置为 none,表示盒子不浮动。

float 属性的参数:

- left:对象浮动在父元素的左边。
- right:对象浮动在父元素的右边。

【例 3.9】 浮动定位应用。

```
1  <html>
2    <head>
3    <style type="text/css">
4            .main{
5                width: 440px;
6                height: 230px;
7                border: 1px solid black; }
8            .leftdiv{
9                  float: left;
10                   width: 200px;
11                   height: 200px;
12                   border: 1px solid black; }
13           .rightdiv{
14                   float: right;
15                   width: 200px;
16                   height: 200px;
17                   border: 1px solid black; }
18     </style>
19   </head>
20   <body>
21       <div class="main">
22           <div class="leftdiv"> left </div>
23           <div class="rightdiv"> right </div>
24           </div>
25   </body></html>
```

2）position 定位

position 定位用来指定块的位置,可以取 static、absolute、relative 和 fixed。

- static:静态定位,是 position 默认的属性值,表示盒子按照标准流进行布局。
- absolute:绝对定位,使用标准流的排版方式,盒子的位置以父盒子为基准进行偏移。
- relative:相对定位,使用标准流的排版方式,表示盒子相对于它原来标准位置偏移的位置。
- fixed:固定定位,和绝对定位相似,但是以浏览器窗口为基准进行定位。当点击浏览器窗口的垂直滚动条时固定定位的盒子位置保持不变。

【例 3.10】 静态定位实例。

```
1  <html>
2    <head>
3    <style type="text/css">
4          .main{
5                width: 440px;
6                height: 230px;
7                border: 1px solid black; }
8          .son{
9              position: static;
10             width: 200px;
11             height: 200px;
12             border: 1px solid black; }
13       </style>
14     </head>
15     <body>
16       <div class="main">
17           <div class="son">静态定位</div>
18           </div>
19     </body>
20 </html>
```

上述代码在浏览器中的运行效果如图 3.7 所示。

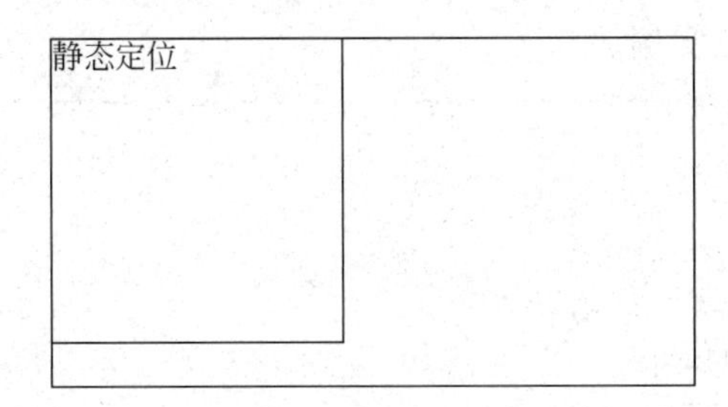

图 3.7　静态定位效果图

在静态定位中，元素保持原来位置，没有发生位移。

【例 3.11】 绝对定位实例。

```
1  <html>
2      <head>
3          <style type="text/css">
4          .main{
5              width: 440px;
6              height: 230px;
7              border: 1px solid black;
8              position: absolute;    }
9          .son{
10             position:absolute;
11             width: 200px;
12             height: 200px;
13             border: 1px solid black;
```

```
14              top:20px;
15              left:10px;}
16     </style>
17     </head>
18     <body>
19       <div class = "main">
20       <div class = "son">静态定位</div>
21       <div>
22    </body>
23   </html>
```

采用绝对定位 son 盒子相对于 main 盒子向右和向下移动。上述代码在浏览器中的运行效果如图 3.8 所示。

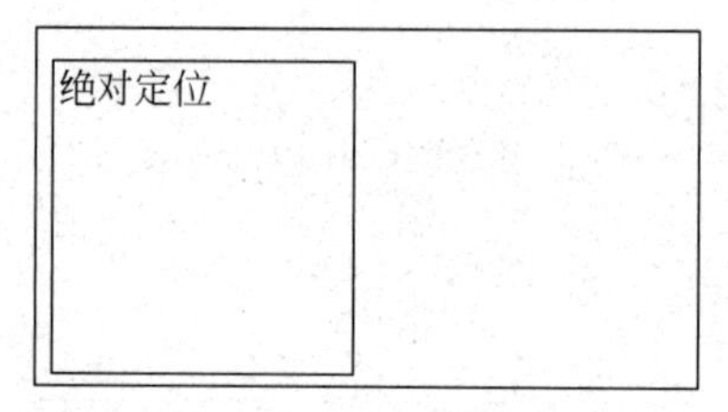

图 3.8　绝对定位效果图

【例 3.12】 相对定位实例。

```
1 <html>
2  <head>
3    <style type = "text/css">
4         .main{
5              width: 440px;
6              height: 230px;
7              border: 1px solid black;
8              position: absolute;     }
9         div{
10             border: 1px solid black;      }
11        .son{
12             position:relative;
13             width: 200px;
14             height: 200px;
15             border: 1px solid black;
16             top:10px;
17             left:10px;      }
18    </style>
19    </head>
20    <body>
21         <div class = "main">
22         <div>普通盒子</div>
```

```
23        <div class = "son">相对定位</div>
24    </body>
25  </html>
```

采用相对定位 son 盒子相对自身位置向后、向下移动。上述代码在浏览器中的运行效果如图 3.9 所示。

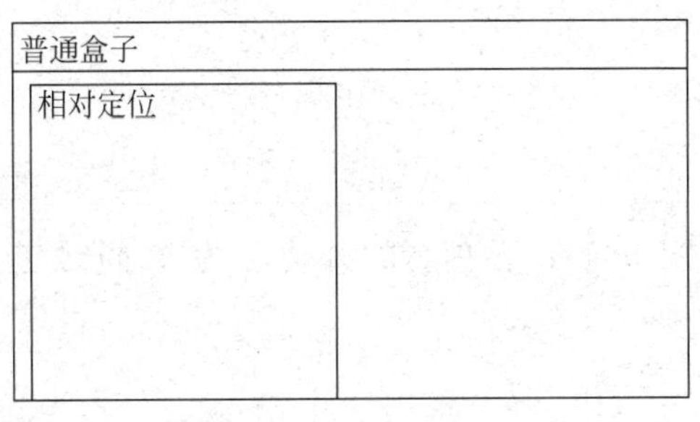

图 3.9　相对定位效果图

3.3.2　DIV+CSS 布局

DIV+CSS 布局步骤：对网页整体分区；对每个分区通过 CSS 定位。使用 CSS 技术排版的页面，可以更新 CSS 属性重新定义板块的位置，因此这种排版方式比表格布局要灵活。

3.3.3　常见布局结构

常见布局结构

1. 宽度固定且居中

这种布局方式页面容器宽度固定，页面元素相对于浏览器窗口水平居中对齐。这是网页开发中常用的布局方式。

【例 3.13】 宽度固定且居中的布局实例。

制作方法：

(1) 定义 container 父容器。

```
1  <html>
2    <head><title>固定宽度并居中的例子</title></head>
3    <body>
4      <div id = "container">页面内容</div>
5    </body>
6  </html>
```

第 4 行代码中，div 盒子应用 container 样式。

定义 container 容器样式。

```
#container{
        position:relative;
```

```
        margin:0 auto;
        width:680px;}
```


说明：父容器的宽度是680px，父容器应用相对定位方式，左右外边距为自动。

(2) 定义 body 样式。

```
body{
    margin:0px;
    text - aglin:center;
}
```

上述代码定义 body 距页面上下左右的外边距为 0，同时定义网页中的所有元素都居中。

2. 川字结构

川字结构也称为左中右结构，这种结构也是常见的排版模式，如图 3.10 所示。

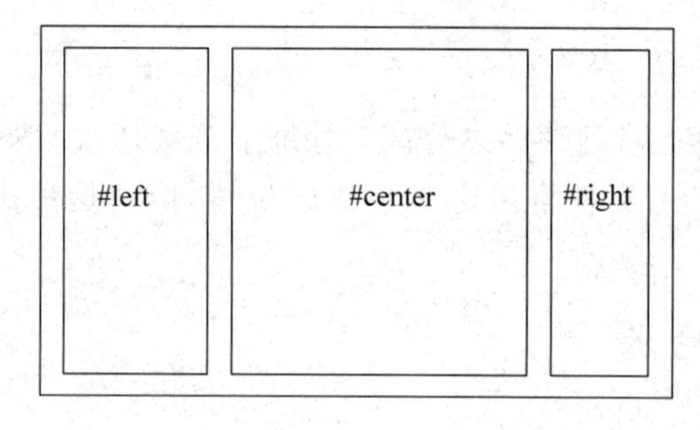

图 3.10　川字结构图

川字结构网页布局的方法，先确定左边、右边块以及中间块的大小，使用绝对或相对定位方式定位，在设置盒子大小时注意左中右盒子的大小之和不能超过页面的宽度，否则右侧盒子将会换行。

【例 3.14】 使用绝对定位方式实现左中右布局实例。

制作方法：

(1) 搭建 HTML 的结构框架，定义三个< div >块。代码如下：

```
< body >
   < div id = "left"> left </div >
   < div id = "center"> center </div >
   < div id = "right"> right </div >
</body >
```

(2) 设置左边< div >块的样式，绝对定位，距 body 左侧 0px，< div >块的宽度 190px。

```
 # left{
        position:absolute;
```

```
        top:0px;
         left:0px;
         width:190px;}
```

(3) 设置中间块的样式,中间< div >块到左右块的距离为190px。

```
#middle{
      margin:0px 190px 0px 190px;
}
```

(4) 设置右侧块的样式。

```
#right{
 position:absolute;
     top:0px;
     right:0px;
     width:190px;
}
```

设置右边块的位置为绝对定位(与左边块一样),距离浏览器右边框为0px,上边框为0px,此块的宽度为190px。

3. 3行2列式国字形布局

国字形结构包括顶部区域(top),中间主体部分(container)和下方版尾(bottom)三个部分,主体部分又可以细化为左侧(left)和右侧(right),如图3.11所示。

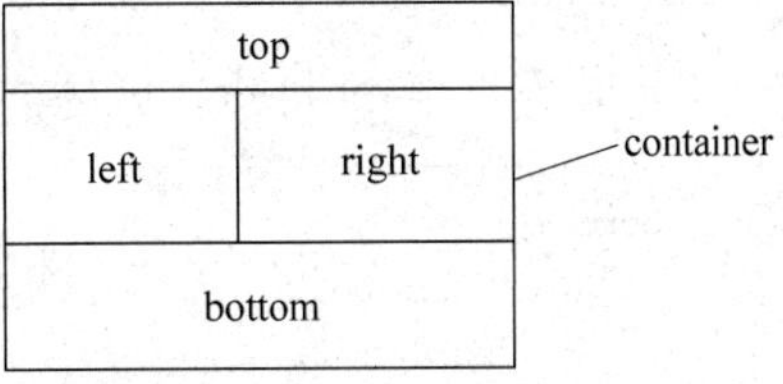

图3.11　国字形结构构图

【例3.15】 通过float方式实现国字形布局实例。

制作方法:

(1) 定义5个区块,分别是container、top、left、right和bottom。

```
<body>
  <div id = "container">
    <div id = "top"> top </div>
    <div id = "left"> left </div>
    <div id = "right"> right </div>
    <div id = "bottom"> bottom </div>
  </div>
</body>
```

(2) 定义body和container的样式。设置body中元素居中对齐。

```
body{
     margin:0px;
     text-align:center;}
```

```
#container{
        position:realative;
        width:780px;}
```

(3) 定义 top、left 和 right 样式。设置 top 区块绝对定位,left 盒子左侧浮动定位,right 盒子右侧浮动定位。

```
#top{
      position:absolute;
      top:0px;
      left:0px;
      height:90px;
      width:780px;}
#left{
      float:left;
       width:300px;}
#right{
       width:379px;
       float:right;}
```

(4) 定义 bottom 样式。bottom 盒子中清除左右浮动的影响(clear: both)

```
#bottom{
        clear:both;
        height:60px;
        width:780px;}
```

为每个块设置了边框属性(border: 3px solid #113366)。浏览器中运行效果如图 3.12 所示。

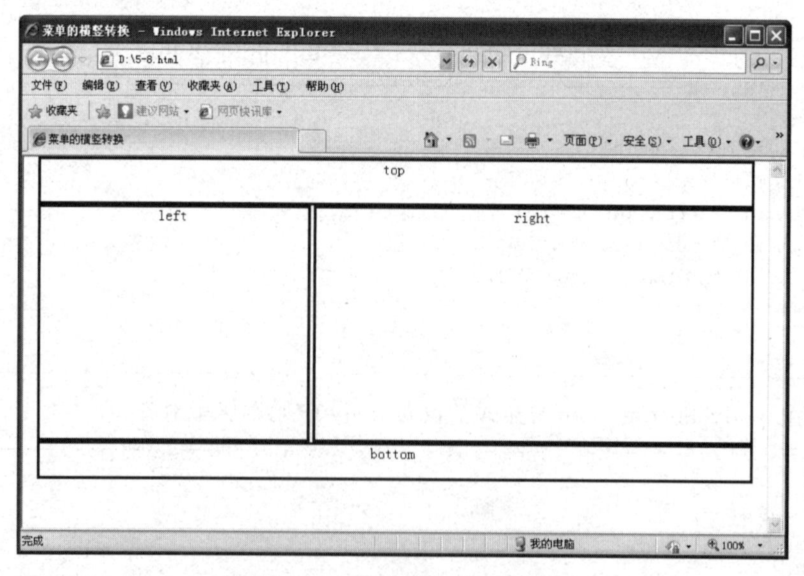

图 3.12 国字形布局效果图

可以在每个块中填充具体的网页元素，并且为其设置属性。

本书常见问题：

(1) 网页中定义的样式为何没有起作用？

【答】 造成这种结果的原因很多，这里列出几种常见的问题：

① 定义的样式没有在网页中应用，如定义了#title样式，但是在网页中没有使用样式。

② 样式定义错误，如给font样式定义了背景属性，背景对于文字不起作用。

(2) 利用表格也可以对网页布局，那么用DIV+CSS布局和用表格布局有什么不同？

【答】 采用表格进行布局是网页设计早期使用的排版方法，由于存在诸多不足，所以现在基本上已经被淘汰了。表格布局和DIV+CSS布局的区别如下：

① 使用表格布局：设计复杂，改版时工作量大；同时格式代码与内容混合，可读性差，而且也不利于数据调用分析；另外网页文件量大，浏览器解析速度慢。

② 使用DIV+CSS布局：高效率的开发与维护简单，网页解析速度快，用户体验好。

本章小结

CSS是层叠样式表的缩写，它的作用是定义网页的外观和布局，可以使网页的内容和格式分离。

CSS样式有标记选择器、类选择器和ID选择器，3种基本选择器。标记选择器定义之后会自动对网页中的多个相同标记的元素产生影响(不需要应用样式)，类选择器和ID选择器在定义之后，需要手动应用。

CSS样式有行内式、内嵌式、链接式和导入式4种样式设置方法。其中链接式和导入式样式是针对外部样式表文件。行内式样式的应用面最小，仅仅为某一个标记所使用。内嵌式样式作用域在一个网页中，而外部样式(链接式和导入式)可以为网站中所有网页所使用。

使用CSS可以设置文字的大小、颜色、字体、字号、粗细、段间距、字间距等属性；设置图像的边框、浮动方式等属性；设置网页的背景图片并且指定背景图片的位置、大小、是否重复出现；让项目列表大变身，变为水平的列表。

通过CSS和DIV结合，对网页元素进行布局。利用CSS可以制作宽度固定且居中的网页布局、川字结构和3行2列式国字形等复杂布局。

课后习题

(1) CSS选择器有________、________和________。

(2) 在外部编写CSS文件，需要在<head></head>之间写上________标记链接样式表文件，实现HTML与CSS分离。

(3) 盒子模型由________、________、________和________组成。

(4) 盒子的position定位有________、________、________和________。

第 4 章　JavaScript——网页动态交互语言

4.1　JavaScript 基础

JavaScript 基础

JavaScript 是一种基于对象、解释型、具有跨平台特性的程序设计语言，用来向 HTML 页面添加交互行为。

4.1.1　JavaScript 简介

JavaScript 语言与 Java 语言不同，是一种功能强大的脚本语言，由 Netscape 公司的 LiveScript 发展而来。Java 语言是 Sun 公司开发的用于编写跨平台应用程序、面向对象的程序设计语言。两种语言是完全不相关的。

JavaScript 在 Web 浏览器中应用广泛，将 JavaScript 脚本嵌入到 HTML 页面中，可以实现用户交互、控制 Web 浏览器、动态修改文档内容等功能。这种嵌入到 HTML 页面中的脚本，称为客户端的 JavaScript。

JavaScript 核心语言及内建的数据类型符合国际标准，兼容性好。客户端的 JavaScript 有正式标准、事实标准和针对特定浏览器的版本，所以，JavaScript 程序开发者要注意所定义的 JavaScript 使用的标准，以及这种 JavaScript 脚本在不同浏览器中是否兼容。

JavaScript 由三部分组成：

(1) ECMAScript：描述语言的语法和基本对象。

(2) 文档对象模型：描述处理网页内容的方法和接口。

(3) 浏览器对象模型：描述与浏览器进行交互的方法和接口。

JavaScript 结构图如图 4.1 所示。

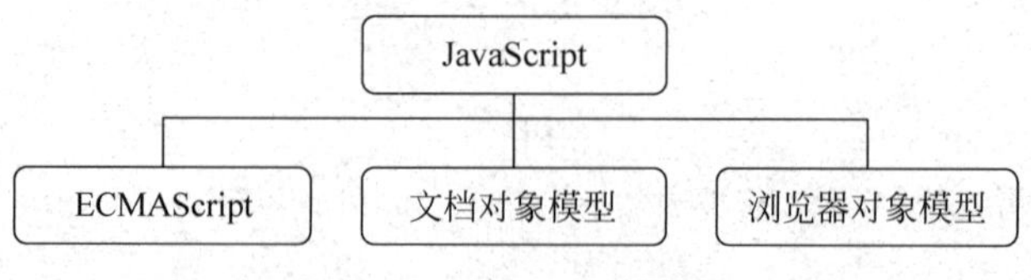

图 4.1　JavaScript 结构图

JavaScript 是解释型语言，具有动态执行、跨平台、安全、基于对象的特点。

4.1.2　一个简单的 Hello World 程序

引入 JavaScript 有两种方法：嵌入到网页中和独立写在外部的 JS 文件中。

1. 将 JavaScript 脚本嵌入到 HTML 中

将 JavaScript 代码写在< script type="text/javascript"></script >之间。

【例 4.1】 JavaScript 脚本嵌入 HTML 实例。

```
1 <html>
2     <head>
3         <script type = "text/javascript" >
4           document.write("Hello World!");
5         </script>
6     </head>
7     <body></body>
8 </html>
```

第 4 行代码中 document 表示网页文档对象，使用 document. write()方法在网页中输出字符串。浏览器窗口中显示效果如图 4.2 所示。

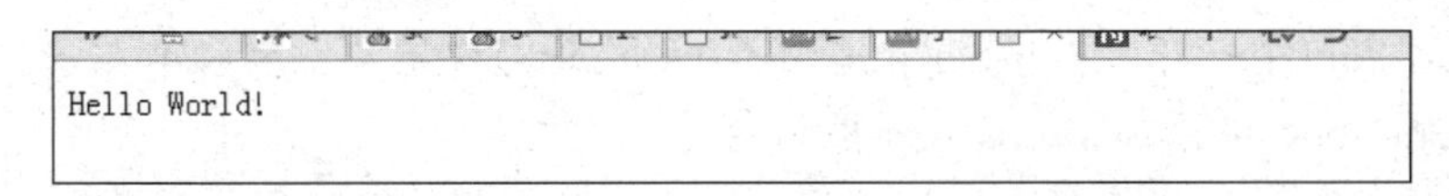

图 4.2　字符串输出显示效果图

2. 定义在 JS 文件中

JS 表示 JavaScript 文件。将 JavaScript 代码定义在 JS 文件中，在 HTML 文件中引入该 JS 文件。

【例 4.2】 JS 脚本定义独立于网页实例。

HTML 文件中的代码：

```
1  <html>
2    <head>
3      <script type = "text/javascript"   src = " myjs.js">
4      </script>
5    </head>
6    <body></body>
7  </html>
```

第 3 行代码表示引入一个外部的名为 myjs. js 文件，此文件中的代码如下：

```
document.write("Hello World!");
```

4.1.3　JavaScript 编辑和调试工具

JavaScript 代码是纯文本，可以使用文本编辑器编写 JS。常用的编辑工具有 EditPlus，Sublime Text 等。

1. EditPlus

EditPlus 是由韩国公司开发的小巧但功能强大的文本编辑器，是用来处理文本、HTML 语言的编辑器，也可以作为 C 语言、Java 语言、PHP 等语言的一个简单 IDE 编辑环境。

可以通过 http://www.editplus.com/网站下载该软件的试用版。

2. Sublime Text

Sublime Text 是一款强大的文本编辑器，具有拼写检查、书签、完整的 Python API、Goto、即时项目切换、多选择、多窗口、强大的快捷命令、即时的文件切换和良好的扩展等功能。它是一个跨平台的编辑器，支持 Windows、Linux、Mac OS X 等操作系统。

Sublime Text 是由程序员 Jon Skinner 于 2008 年 1 月开发的，最初被设计为一个具有丰富扩展功能的 Vim。

可以通过 https://www.sublimetext.com/3 下载 Sublime Text 软件。

1）运行方式

Sublime Text 中不能直接运行 JavaScript，可以通过下面两种方式运行 JavaScript 脚本。

（1）在浏览器窗口中运行 JavaScript 脚本。

在浏览器窗口中打开含 JavaScript 脚本的网页，通过浏览器解析脚本。

（2）利用 Node.js 添加 JavaScript 控制台。

通过添加 Build System 的方法直接运行 JavaScript 调试控制台。

2）添加 JavaScript 控制的操作方法

（1）从 https://nodejs.org/en/网站下载并安装 Node.js。

（2）为 Sublime Text 添加 Build System。打开 Sublime Text，选择 Tools→Build System→New Build System 命令来设置参数，如图 4.3 所示。

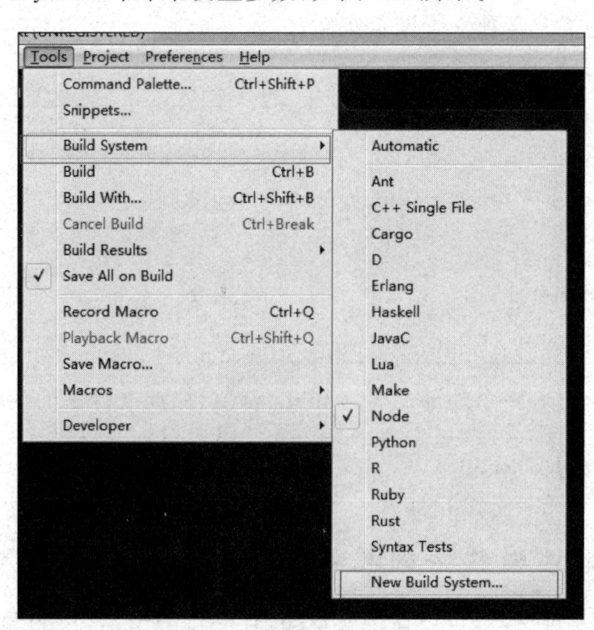

图 4.3 设置参数截图

（3）删除已有内容，输入以下内容{"cmd"：["node"，"$file"]，"selector"："source.js"}。

（4）保存为 Node.sublime-build，保存在 Data\Packages\User 文件夹中。

（5）在 Tools→Build System 里选择刚创建的 Node，如图 4.4 所示，可以启动脚本的调试。方法是在JS文件中,按Ctrl+B组合键。启动脚本后的运行效果如图4.5所示。

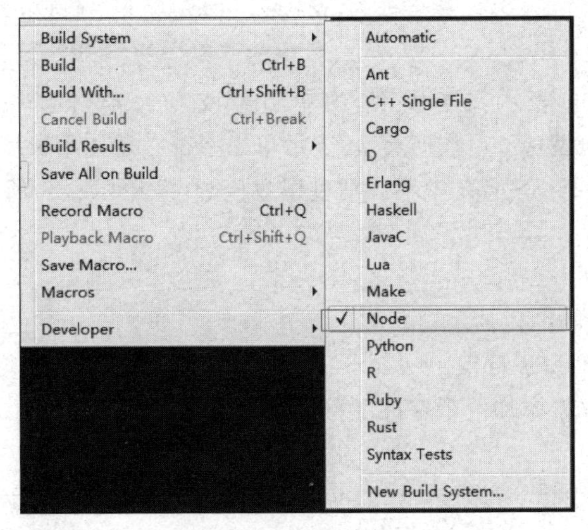

图4.4 设置参数截图

图4.5 启动脚本后的运行效果图

Sublime Text常见快捷键,如表4.1所示。

表4.1 Sublime Text常见的快捷键

快 捷 键	说 明
Ctrl+/	注释整行(如已选择内容,同"Ctrl+Shift+/"效果)
Shift+Tab	去除缩进
Shift+鼠标右键	列选择
Ctrl+Shift+↑	与上行互换
Ctrl+Shift+↓	与下行互换
Ctrl+Shift+D	复制光标所在整行,插入在该行之前
Ctrl+Shift+K	删除整行
Ctrl+Shift+/	注释已选择内容

4.1.4 JavaScript数据类型

1. JavaScript的基本数据类型

1) 5种基本数据类型

(1) undefined。undefined表示声明的变量未被初始化。

(2) null。null表示空值,如果引用一个没有定义的变量,则返回空值。null表示它的值不是有效的对象、数组和数字。当null用在布尔环境中,系统自动转换为false;应用在数字类型中，被转换为 0。

(3) boolean。boolean 表示布尔类型，包含 true 和 false。0 可以看作 false；1 可以看作 true。

(4) string。string 表示文本类型，由单引号或双引号括起来的字符为文本类型。JavaScript 中没有字符型(char)数据类型，表示单个字符必须使用长度为 1 的字符串。

(5) number。在 JavaScript 中不区别整型数值和浮点型数值，所有数字都是用浮点型表示的。

2) 数据类型转换

数据类型的转换如下：

(1) 数字类型转换为字符串。

方法 1：为数字数据添加一个空的字符串。

例如：

```
var s = 10 + " ";
```

方法 2：使用 String()函数。

例如：

```
var s = String(10);
```

(2) 字符串类型转换为数字。

转换方法：

```
var n = parseInt("11");
```

使用 parseInt()和 parseFloat()方法可将字符串转换为数字。

2. 数组类型

数组是多个数据的集合。数组元素可以通过数组名和下标表示。JavaScript 可以通过构造函数 Array()创建数组。

语法：

```
var s = new Array();
```

创建数组之后就可以为数组中的元素赋值。

语法：

```
s[0] = 1;
```

可以在构造数组时为元素初始化。在 JavaScript 中，数组元素可以取不同的数据类型。

语法：

```
var s = new Array(1,"good");
```

3. 常量

常量是在程序运行中值不能发生改变的量。JavaScript 有整型、实型、布尔、字符型、空值、特殊字符 6 种类型常量。

4. 变量

在 JavaScript 中，使用 var 关键字声明变量。JavaScript 不同于其他语言，在声明变量时，不指明变量的数据类型。

例如：

```
var num;
```

JavaScript 根据所赋值的类型确定变量的类型。

例如：

```
message = "this is a string";
```

JavaScript 变量命名的规则如下：

（1）必须以字母、下画线或美元符号开始，中间可以是数字、字母或下画线。

（2）变量名中不能包含空格、换行、加号或减号等符号。

（3）变量名称区分大小写。

（4）变量名中不能使用 JavaScript 中的关键字（见表 4.2）。

表 4.2 JavaScript 关键字

abstract	arguments	boolean	break	byte	case	catch	char
class	const	continue	debugger	default	delete	do	double
else	enum	eval	export	extends	false	final	finally
float	for	function	goto	if	implements	import	in
instanceof	int	interface	let	long	native	new	null
package	private	protected	public	return	short	static	super
switch	synchronized	this	throw	throws	transient	true	try
typeof	var	void	volatile	while	with	yield	

5. 运算符和表达式

运算符是程序设计语言的基本元素。表达式是由常量、变量和运算符等组成。

1）运算符

（1）一元运算符：一元运算符包括算术运算符、位运算符、关系运算符、条件运算符、赋值运算符、逗号运算符等基本运算符。

（2）算术运算符：算术运算符可以实现数学运算，包括加、减、乘、除、求余等运算。

（3）赋值运算符：赋值运算符的作用是将赋值号右侧的常量或变量的值赋给运算符左侧的变量。

（4）关系运算符：关系运算符用于对两个变量或数值进行比较，并返回一个布尔值。JavaScript 的关系运算符有==、!=、<、>、<=、>=。

（5）位运算符：位运算符可以对整型数据按照指定的位进行操作。JavaScript 的位运

算符有 &、|、~、^、<<、>>、>>>。

(6) 逻辑运算符：JavaScript 支持的逻辑运算符有 &&、||和!。

(7) 条件运算符：条件运算符是JavaScript 中唯一的三目运算符，连接三个操作数或表达式。

(8) 逗号运算符：逗号运算符可以在一条语句中同时执行多个运算。

2) 表达式

表达式是一个语句集合，由常量、变量和运算符等组成。表达式包含多种，由运算符连接成的语句是表达式，函数的调用语句也是表达式。

例如：

```
var x = dosomething(10);      //dosomething()是 JS 中定义的函数
```

6. 流程控制语句

1) 顺序结构

顺序结构的语句按照从上到下的顺序逐行执行，完成顺序结构的语句有赋值语句、复合语句、函数调用等语句。

2) 选择结构

(1) if 语句。

if 语句是最常用的一种选择结构语句。

语法：

```
if(expression)
   语句块
```

(2) if else 语句。

else 语句与 if 语句配对使用，指定当条件不满足时所执行的语句。

语法：

```
if(expression)
   语句块 1
else 语句块 2
```

(3) else if 语句。

可以使用 else if 语句指定其他满足的条件。

语法：

```
if (expression1)
   语句块 1
else if (expression 2)
   语句块 2
else 语句块 n
```

(4) switch 语句。

使用 switch 语句，表示根据不同取值范围进行选择处理流程。

语法：

```
switch(expression){
    case v1:
        语句块 1
        break;
    case v2:
        语句块 2
        break;
      ⋮
    case vn:
        语句块 n
        break;
    default:
        语句块 n+1;
  }
```

3）循环结构

循环结构是指当一组条件满足之后循环执行一段代码。

JavaScript 语言的循环语句包括 while 语句、do…while 语句和 for 语句。

（1）while 语句。

语法：

```
while(expression){
  循环语句体
    }
```

（2）do…while 语句。

do…while 语句在执行循环体之后去执行 expression，值为真时继续执行循环体，直到值为假跳出循环体。

语法：

```
do{
  循环语句体
}while(expression);
```

（3）for 语句。

语法：

```
for(expression1; expression 2; expression 3){
  循环体
}
```

（4）continue 语句。

使用 continue 语句可以跳过本次循环后面的代码，提前进入下次循环。

(5) break 语句。

使用 break 语句可以结束循环。

4.2 JavaScript 函数

JavaScript 函数

函数是定义一次但可以多次调用的 JavaScript 代码。JavaScript 支持多种内部函数，如 Array 类的 eval()、parseInt()等。

1. alert()函数

语法：

```
alert(message);
```

功能：alert()方法用来弹出消息对话框，该对话框中包含确定按钮。

说明：message 表示要提示的信息，是 string 类型的变量或字符串。

2. confirm()函数

语法：

```
confirm(message, ok, cancel);
```

功能：confirm()方法用来显示一个请求确认对话框，其中包含“确定”按钮和“取消”按钮。在程序中，可以根据用户的选择决定执行的操作。

说明：message 是 string 类型的变量或字符串，用来表示提示信息。当用户单击“确定”按钮则函数返回 true，单击“取消”按钮返回 false。

3. prompt()函数

语法：

```
prompt(message,defaultMessage);
```

功能：prompt()方法弹出接收用户输入信息的对话框，对话框中包含“确定”按钮、“取消”按钮和文本框。

说明：message 表示提示的信息；defaultMessage 为默认的输入文本信息。当用户单击“确定”按钮，函数返回文本框中输入的文本，若用户单击“取消”按钮，则函数返回 null。

4. isNaN()函数

语法：

```
isNaN(param);
```

功能：isNaN()方法可以测试参数是否为数值型数据。

说明：param 表示待检测的参数。如果参数是数值型，则函数返回 false，否则返回 true。

5. parseInt()函数

语法：

```
parseInt(message);
```

功能：parseInt()方法将字符串转化为整型数值形式。

说明：message表示要转换的字符串。若message为可转换为数值的字符串，则返回的是数值型数据；否则返回一个NaN，表示无法转换为数字。

6. parseFloat()函数

语法：

```
parseFloat(message);
```

功能：parseFloat()方法用来将字符串转化成浮点数据形式。

说明：message表示要转换的字符串。若message为可转换为浮点数据的字符串，则返回的是浮点数据；否则返回一个NaN，表示无法转换为浮点数据。

7. 自定义函数

JavaScript使用function关键字来定义函数。

语法：

```
function 函数名(paramlist){
  函数体}
```

说明：paramlist表示参数列表，参数列表可以为空，也可以包含多个参数，参数之间使用逗号分隔。函数体可以是一条语句，也可以由一组语句组成。

8. 函数的调用

1）在JavaScript中直接通过函数名调用函数

语法：

```
函数名(参数列表);
```

2）在HTML中通过JavaScript方式调用JavaScript函数

在HTML的<a>标记超链接中，使用“JavaScript：”方式调用JavaScript函数。

语法：

```
<a href = "JavaScript:函数名(参数列表)">…</a>
```

3）与事件相结合调用JavaScript函数

将JavaScript函数设置为JavaScript事件的处理函数，当触发事件时会自动调用指定的JavaScript函数。例如，当页面载入事件发生时，触发计算访客数量的函数执行。

语法：

```
<input type = "button" onClick = 函数名(参数列表)>
```

4.3 JavaScript 对象

内置对象

4.3.1 内置对象

1. String 对象

JavaScript 使用 String 类表示字符串对象，在 String 对象中可以保存字符串。

字符串声明：

```
var objstr = new String(字符串常量);
```

说明：

- objstr 表示字符串对象，将字符串常量包装成字符串对象。
- String 对象常用属性 length，表示字符串的长度。

String 对象常用方法如下。

1) charAt()方法

语法：

```
字符串对象.charAt(索引);
```

功能：charAt()方法用来返回字符串中指定位置的字符。

说明：方法的返回值为字符型数据。索引是字符串中表示某个位置的数字，从 0 开始计数。

【例 4.3】 charAt ()方法应用。

```
1  <html>
2    <head>
3      <script type="text/javascript"   src=" myjs.js">
4            var message = "hello world";
5            document.write(message.charAt(0));
6      </script>
7    </head>
8    <body></body>
9  </html>
```

网页的输出结果为 h。

说明：为了节省篇幅，后面例子中都省略了 HTML 基本结构，直接书写< script ></script >中的代码。

2) indexOf()方法

语法：

```
字符串对象.indexOf(子字符串,开始的索引位置);
```

功能：indexOf()方法可以返回 String 对象中第一次出现某个子字符串的位置。

说明：开始的索引位置取值范围为 0 到字符串长度−1。如果省去该参数，则将从字符串的首字符开始检索。

【例 4.4】 indexOf()方法应用。

```
1  <script type="text/javascript">
2        var message = "hello world";
3      document.write(message. indexOf("o"));
4  </script>
```

网页的输出结果为 4。

3）lastIndexOf()方法

语法：

```
字符串对象.lastIndexOf(子字符串,开始的索引位置);
```

功能：lastIndexOf 方法用来返回 String 对象中最后一次出现某个子字符串的位置。

4）substr()方法

语法：

```
字符串对象. substr(开始位置索引,结束位置索引);
```

功能：substr()方法可以返回 String 对象中指定位置的子字符串。

注意：子字符串为开始位置到结束位置－1 的字符。

【例 4.5】 substr()方法应用。

```
1  <script type="text/javascript">
2    var message = "hello world";
3    document.write(message.substring(1,3));
4  </script>
```

网页的输出结果为 el。

5）split()方法

语法：

```
字符串对象. split (分割符,返回的数组的最大长度);
```

功能：split()方法可以将一个字符串对象分割为多个子字符串，将结果作为子字符串数组返回。

说明：如果设置了返回数组的最大长度，返回的子字符串长度不会多于这个数值。split()方法返回的是字符串对象按照分隔符分割而得到的数组。

【例 4.6】 split()方法应用。

```
1  <script type="text/javascript">
2      var message = "hello world";
3      document.write(message.split(" "));
4  </script>
```

网页的输出结果为 hello,world。

6) replace()方法

语法:

```
字符串对象. replace (要替换的子串,替换的子串);
```

功能:replace()方法用来在字符串中进行字符替换。

【例 4.7】 replace()方法应用。

```
1 <script type = "text/javascript">
2     var message = "hello world";
3     document.write(message. replace("ll","xx"));
4 </script>
```

网页的输出结果为 hexxo world。

7) toLowerCase()方法

语法:

```
字符串对象. toLowerCase ();
```

功能:toLowerCase()方法可以将字符串转换为小写形式。

【例 4.8】 toLowerCase()方法应用。

```
1 <script type = "text/javascript">
2     var message = "HELLO WORLD";
3     document.write(message. toLowerCase ());
4 </script>
```

网页的输出结果为 hello world。

8) toUpperCase()方法

语法:

```
字符串对象. toUpperCase ();
```

功能:toUpperCase()方法可以将字符串转换为大写形式。

9) toString()方法

语法:

```
字符串对象.toString();
```

功能:toString()方法可以获取字符串对象的字符串值。

【例 4.9】 toString()方法的应用。

```
1 <script type = "text/javascript">
2     var message = new String("hello world");
```

```
3       document.write(message. toString ());
4   </script>
```

网页的输出结果为 hello world。

10) concat()方法

语法：

```
字符串对象 1. concat (字符串对象 2);
```

功能：concat()方法可以返回一个字符串对象，该对象包含了两个字符串的连接。

说明：concat()方法返回连接后的字符串，当然也可以直接使用“+”连接两个字符串。

【例 4.10】 concat()方法应用。

```
1   <script type = "text/javascript">
2       var message = new String("hello world");
3       document.write(message. concat("!!!!!"));
4   </script>
```

网页的输出结果为“hello world!!!!!”。

2. Math 对象

Math 对象中包含用来进行数学计算的属性和方法。

属性：PI(圆周率)，LN10(10 的自然对数)，E(欧拉常数)。

方法如下：

1) abs()方法

语法：

```
abs(number);
```

功能：abs()方法用来计算 number 绝对值，若 number<0 则返回一个正值。

2) ceil()方法

语法：

```
ceil (number);
```

功能：ceil()方法可以返回大于等于 number 的最小整数。

【例 4.11】 ceil()方法应用。

```
1   <script type = "text/javascript">
2       var number = 4.23;
3       document.write(Math.ceil(number));
4   </script>
```

网页的输出结果为 5。

3）floor()方法

语法：

```
floor(number);
```

功能：floor()方法可以返回小于等于其数字参数的最大整数。

【例 4.12】 floor()方法应用。

```
1  <script type = "text/javascript">
2      var number = 4.23;
3      document.write(Math.floor(number));
4  </script>
```

网页的输出结果为 4。

4）max()方法

语法：

```
max(exp1,exp2);
```

功能：max()方法可以返回给出的两个数值表达式中的较大者。

【例 4.13】 max()方法应用。

```
1  <script type = "text/javascript">
2      var exp1  =  3 * 2;
3      var exp2  =  8 % 3;
4      document.write(Math.max(exp1,exp2));
5  </script>
```

网页的输出结果为 6。

5）min()方法

语法：

```
min(exp1,exp2);
```

功能：min()方法用来返回给出的两个数值表达式中的较小者。

6）pow()方法

语法：

```
pow(n1,n2);
```

功能：pow()方法可以返回 n1 的 n2 次幂。

7）sqrt()方法

语法：

```
sqrt(number);
```

功能：sqrt()方法用来返回 number 的平方根。

8) radom()方法

语法：

```
radom();
```

功能：radom()方法可以返回介于 0～1 的伪随机数。

【例 4.14】 radom()方法应用。

```
1  <script type="text/javascript">
2      document.write(Math.radom();
3  </script>
```

网页的输出结果为 0.08765274949339075。

9) round()方法

语法：

```
round(number);
```

功能：round()方法可以返回与给出的 number 最接近的整数。

3. Date 对象

Date 对象用于获取系统的日期和时间。

语法：

```
var date = new Date(日期参数);
```

说明：日期参数有三种形式，分别为缺省不写、日期字符串和数值形式。

缺省不写：

```
var date = new Date();
```

日期字符串：

```
var date = new Date("October 24,2017");
```

数值形式：

```
var date = new Date(2017,10,24);
```

Date 对象的常用方法：

1) getDate()方法

语法：

```
getDate();
```

功能：getDate()方法可以根据系统时间计算日期，值为 1～31。

2）getDay()方法

语法：


```
getDay();
```

功能：getDay()方法用来根据系统时间返回在一个星期中的第几天，取值为 0～6。星期天对应的值为 0。

【例 4.15】 getDay()方法应用。

```
1  <script type="text/javascript">
2      var date = new Date();
3      document.write(date.getDay());
4  </script>
```

因为当前系统的时间为星期三，所以网页的输出结果为 3。

3）getMonth()方法

语法：

```
getMonth();
```

功能：getMonth()方法可以返回 Date 对象的月份数，取值为 0～11，值为实际月份减 1。

4）getYear()方法

语法：

```
getYear();
```

功能：getYear()方法可以返回 Date 对象的年份数，2000 年之前返回年份数的后两位，2000 年以后返回年份的 4 位数。

5）getFullYear()方法

语法：

```
getFullYear();
```

功能：getFullYear()方法用来返回 Date 对象的 4 位年份数。

6）getHours()方法

语法：

```
getHours();
```

功能：getHours()方法用来返回 Date 对象的小时数。

7）getMinutes()方法

语法：

```
getMinutes();
```

功能：getMinutes()方法可以返回 Date 对象的分钟数。

8）getSeconds()方法

语法：

```
getSeconds();
```

功能：getSeconds()方法可以返回 Date 对象的秒数。

9）setYear()方法

语法：

```
setYear();
```

功能：setYear()方法可以为 Date 对象设置年份。

10）setDate()方法

语法：

```
setDate();
```

功能：setDate 方法用来设置 Date 对象在当月中的日期。

11）toString()方法

语法：

```
toString();
```

功能：toString()方法返回 Date 对象的字符串形式。

【例 4.16】 toString()方法应用。

```
1  <script type = "text/javascript">
2      var date = new Date();
3      document.write(date.toString());
4  </script>
```

网页的输出结果为 Wed Jan 24 2018 15：52：36 GMT+0800（中国标准时间），显示系统当前的时间。

【例 4.17】 Date 对象综合应用。

```
1  <script type = "text/javascript">
2      var  date = new Date();
3      document.write("当前时间是" + date.getFullYear() + "年" +
4              (date.getMonth() + 1) + "月" +
5              date.getDate() + "日");
6  </script>
```

网页的输出结果为当前时间是 2018 年 1 月 24 日。

4. RegExp 对象

RegExp 对象表示正则表达式，使用 RegExp 可以对字符串执行模式匹配。

实例化 RegExp 对象语法：

```
new RegExp(pattern, attributes);
```

说明：参数 pattern 是一个字符串，指定了正则表达式的模式或正则表达式，参数 attributes 是一个可选的字符串；如果 pattern 是正则表达式，而不是字符串，则必须省略该参数。

RegExp 对象的三个常用方法如下。

1) test()方法

语法：

```
test(some_string)
```

功能：test()方法可以判断 some_string 字符串是否符合正则表达式规则，返回值是 true 或 false。

【例 4.18】 test()的应用。

```
1  <script type = "text/javascript">
2      var message = "123hello";
3      var reg = new RegExp("hel");
4      document.write(reg.test(message));
5  </script>
```

网页的输出结果为 true。

2) exec()方法

语法：

```
exec(some_string)
```

功能：exec()方法检索 some_string 字符串中的指定值，返回值是被找到的值。如果没有匹配项，则返回 null。

【例 4.19】 exec()方法的应用。

```
1  <script type = "text/javascript">
2      var message = "123hello";
3      var reg = new RegExp("hel");
4      document.write(reg.exec(message));
5  </script>
```

网页的输出结果为 hel。

3) compile()方法

语法：

```
compile(pattern[,flag])
```

功能：compile()方法既可以改变检索模式，也可以添加或删除第二个参数。pattern 为必选项，是正则表达式；flag 为可选项，用来匹配选项。

【例 4.20】 compile()方法的应用。

```
1  <script type = "text/javascript">
2      var message = "123hello";
3      var reg = new RegExp("hel");
4      document.write(reg.test(message));
5      reg.compile("ooe");
6      document.write(reg.test(message));
7  </script>
```

第 5 行代码改变检索模式之后，字符串 message 变为"ooe"，而字符串中没有"ooe"，以上代码的输出分别是 true false。

4.3.2 浏览器对象

浏览器对象

浏览器对象也称为 Browser Object Model(缩写为 BOM)。浏览器对象具有树状结构，最上层为 window 对象，从 window 对象中派生了子类对象，如图 4.6 所示。

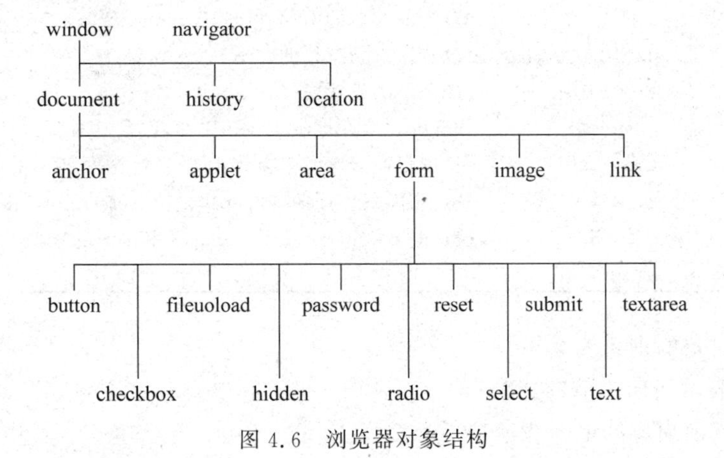

图 4.6 浏览器对象结构

1. navigator 对象

navigator 对象包含浏览器的基本信息。navigator 对象属性如表 4.3 所示。

2. window 对象

window 对象表示浏览器中打开的窗口，是浏览器对象中的顶层对象。window 对象的属性如表 4.4 所示。

表 4.3　navigator 对象属性

编　号	属　性	描　述
1	appCodeName	浏览器的代码名
2	appMinorVersion	浏览器的次级版本
3	appName	浏览器的名称
4	appVersion	浏览器的平台和版本信息
5	userAgent	由客户机发送给服务器 user-agent 头部的值

表 4.4　window 对象属性

编　号	属　性	描　述
1	closed	窗口是否已被关闭
2	defaultStatus	设置或返回窗口状态栏中的默认文本
3	document	对 document 对象的只读引用
4	history	对 history 对象的只读引用
5	location	用于窗口或框架的 location 对象
6	name	设置或返回窗口的名称
7	navigator	对 navigator 对象的只读引用
8	opener	对创建此窗口的窗口的引用
9	outerheight	窗口的外部高度
10	outerwidth	窗口的外部宽度
11	pageXOffset	设置或返回当前页面相对于窗口显示区左上角的 X 位置
12	pageYOffset	设置或返回当前页面相对于窗口显示区左上角的 Y 位置
13	parent	父窗口
14	screen	对 screen 对象的只读引用
15	self	对当前窗口的引用，等价于 window 属性
16	status	设置窗口状态栏的文本
17	top	最顶层的先辈窗口
18	window	window 属性等价于 self 属性，包含了对窗口自身的引用
19	screenLeft screenTop screenX screenY	只读整数。声明了窗口的左上角在屏幕上的 X 坐标和 Y 坐标。IE、Safari 和 Opera 支持 screenLeft 和 screenTop，而 Firefox 和 Safari 支持 screenX 和 screenY

window 对象的别名。

opener：表示当前窗口的父窗口。

parent：当前窗口的上一级窗口。

top：表示最上方的窗口。

self：表示当前活动窗口。

window 对象的常用方法：

1) blur()方法

语法：

```
window.blur();
```

功能：blur()方法用来把焦点从窗口移开，即窗口失去焦点。

2）focus()方法

语法：

```
window.focus()
```

功能：focus()方法使窗口获得焦点。

3）open()方法

语法：

```
open(URL,窗口名称[,窗口大小]);
```

功能：open()方法打开一个新的浏览器窗口或查找一个已命名的窗口。

【例 4.21】 open()方法应用。

```
1  <script type = "text/javascript">
2      var x = parseInt(prompt("输入分数"));
3      if(x > 90)
4        window.open("1.html","nwindow","left = 100,top = 100,width = 400,height = 300");
5   </script>
```

说明：程序中弹出一个提示“输入分数”的对话框，将用户输入的字符串通过parseInt()方法转换成数值，若数值大于90，则打开当前目录下的1.html网页，网页显示在屏幕距离左侧100px、上侧100px的位置，窗口大小为400px×300px。

4）close()方法

语法：

```
window.close();
```

功能：close()方法可以关闭浏览器窗口。有些浏览器不支持close()方法。

3. location对象

location对象用于获得当前页面的地址，并把浏览器重定向到新的页面。location对象属性如表4.5所示。

表 4.5 location对象属性

编　号	属　性	描　述
1	hash	设置或返回从#开始的URL(锚)
2	host	设置或返回主机名和当前URL的端口号
3	hostname	设置或返回当前URL的主机名
4	href	设置或返回完整的URL
5	pathname	设置或返回当前URL的路径部分

location 对象常用方法如下。

1）assign()方法

语法：

```
window.location.assign(URL);
```

功能：assign()方法用来加载新的文档。

【例 4.22】 assign()方法应用。

```
1  <html>
2    <head>
3      <script type="text/javascript">
4        function assignfunc(){
5            window.location.assign("http://www.w3school.com.cn");}
6      </script>
7    </head>
8    <body>
9        <input type="button" value="Load new document" onclick="assignfunc()" />
10   </body></html>
```

网页中有一个按钮，单击之后执行 assignfunc()方法，加载 http://www.xysfxy.cn 页面。

2）reload()方法

语法：

```
window.location.reload();
```

功能：reload()方法可以重新加载当前文档。

3）replace()方法

语法：

```
window.location.replace(newURL);
```

功能：replace()方法表示用新的文档替换当前文档。

注意：replace()方法不会在 history 对象中生成新的记录。当使用该方法时，新的 URL 将覆盖 history 对象中的当前记录。

4. history 对象

history 对象包含用户（在浏览器窗口中）访问过的 URL。history 对象是 window 对象的一部分，可通过 window.history 属性对它进行访问。

history 对象的 length 属性，表示浏览器历史列表中的 URL 数量。

history 对象方法如下。

1）back()方法

语法：

```
window.history.back();
```

功能：back()方法可以加载 history 列表中的前一个 URL。

【例 4.23】 back()方法应用。

```
1  <html>
2      <head>
3          <script type="text/javascript">
4              function goBack(){
5                                  window.history.back();}
6          </script>
7      </head>
8      <body>
9          <input type="button" value="Back" onclick="goBack()"/>
10     </body>
11 </html>
```

2）forward()方法

语法：

```
window.location.forward(URL);
```

功能：forward()方法用来加载 history 列表中指定的 URL 网页。

【例 4.24】 forward()方法应用。

```
1  <html>
2      <head>
3          <script type="text/javascript">
4              function goForward (){
5                          window.location.forward("http://www.baidu.com");  }
6          </script>
7      </head>
8      <body>
9              <input type="button" value=" goForward " onclick=" goForward ()" />
10     </body>
11 </html>
```

3）go()方法

语法：

```
window.history.go(number|URL);
```

功能：go()方法可以加载 history 列表中的某个具体页面。

说明：参数可以是一个数值，表示要访问的 URL 在 history 的 URL 列表中的相对位置，也可以为要访问的 URL。

【例 4.25】 go()方法应用。

```
1  <html>
2      <head>
3         <script type="text/javascript">
4             function goBack(){
5                              window.history.go(-1); }
6         </script>
7      </head>
8      <body>
9          <input type="button" value="Back" onclick="goBack()" />
10     </body>
11 </html>
```

4.3.3 DOM 对象

document 对象

1. document 对象

每个载入浏览器的 HTML 文档都是 document 对象。通过 document 对象可以在脚本中对 HTML 页面中的所有元素进行访问。document 对象是 window 对象的一部分,可通过 window. document 属性对其进行访问。document 对象集合和对象属性分别如表 4.6 和表 4.7 所示。

表 4.6 document 对象集合

编　　号	集　　合	描　　述
1	all[]	提供对文档中所有 HTML 元素的访问
2	anchors[]	返回对文档中所有 anchor 对象的引用
3	forms[]	返回对文档中所有 form 对象的引用
4	applets	返回对文档中所有 applet 对象的引用
5	images[]	返回对文档中所有 image 对象的引用
6	links[]	返回对文档中所有 area 和 link 对象的引用

表 4.7 document 对象属性

编　　号	属　　性	说　　明
1	document. title	设置文档标题等价于 HTML 的<title>标签
2	document. bgColor	设置页面背景色
3	document. linkColor	未单击过的链接颜色
4	document. alinkColor	激活链接(焦点在此链接上)的颜色
5	document. fgColor	设置前景色(文本颜色)
6	document. vlinkColor	已单击过的链接颜色
7	document. body	等价于<body>…</body>
8	document. forms	所有的 form 元素
9	document. images	所有的 img 元素
10	document. links	所有的 a 元素
11	document. scripts	所有的 script 元素
12	document. styleSheets	所有的 link 或 style 元素

【例 4.26】 document. bgColor 的应用实例。

```
1  <html>
2    <head>
3        <script type="text/javascript">
4                document.title = '背景色为白色的网页';
5                function changebg(){
6                            document.bgColor = 'blue';
7                            document.title = '背景色为蓝色的网页';}
8        </script>
9     </head>
10   <body>
11     <input type="button" value="change background" onclick="changebg()"/>
12   </body>
13 </html>
```

单击 change background 按钮之后页面的背景色变为蓝色，同时页面标题变为“背景色为蓝色的网页”。

document 对象方法如下。

1）write()方法

语法：

```
document.write(message);
```

功能：write()方法将字符串 message 动态写入网页。

2）writeln()方法

语法：

```
document.writeln(exp1,exp2,exp3, … )
```

功能：writeln()方法等同于 write()方法，一般情况下与 write()方法输出的效果在页面上没有区别。

3）open()方法

语法：

```
document open(mimetype,replace);
```

功能：open()方法可以打开一个流，收集来自任何 document. write()或 document. writeln()方法的输出。调用 open()方法打开一个新文档并且用 write()方法设置文档内容后，必须记住用 close()方法关闭文档，用来显示内容。

说明：mimetype 属性可选，规定写的文档类型，默认值是 text/html。replace 属性也可选，可引起新文档从父文档继承历史条目。

【例 4.27】 open 方法应用。

```
1  <html>
2    <head>
```

```
3      <script type = "text/javascript">
4        function createDoc() {
5                      var doc = document.open("text/html","replace");
6                      var message = "<html><body>Write  a  document</body></html>";
7                      doc.write(message);
8                      doc.close();  }
9        </script>
10     </head>
11     <body>
12          <input type = "button" value = "Write a document" onclick = "createDoc()">
13     </body></html>
```

4) close()方法

语法：

```
文档对象.close();
```

功能：close()方法关闭用 document.open()方法打开的输出流，并显示选定的数据。

5) getElementById()方法

语法：

```
document.getElementById(ID);
```

功能：getElementById()方法可以获得指定 ID 值的对象。

【例 4.28】 根据 ID 获取指定元素的值。

```
1  <html>
2    <head>
3        <script type = "text/javascript">
4              function showMessage(){
5              var myp  =  document.getElementById('myp');
6              alert(myp.innerHTML);}
7        </script>
8     </head>
9     <body>
10        <p id = "myp">段落中的文字</p>
11        <input type = "button" onclick = "showMessage()" value = "click me" />
12    </body>
13  </html>
```

网页显示效果如图 4.7 所示，单击按钮之后出现一个消息框，显示“段落中的文字”。

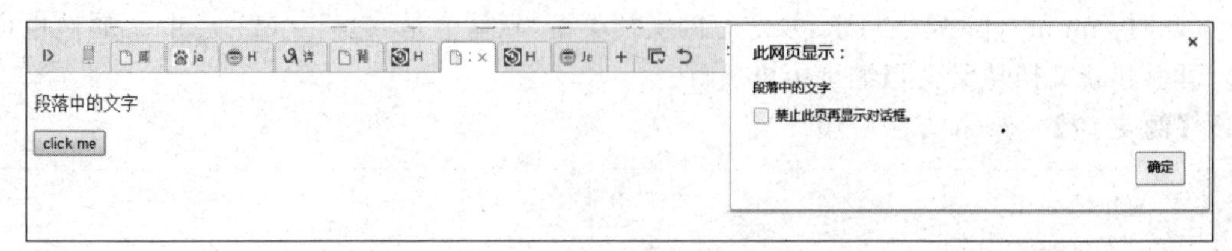

图 4.7　单击 click me 按钮效果图

innerHTML 属性用来获取 HTML 元素的内容。

6）getElementsByTagName()方法

语法：

```
document.getElementsByTagName(tagname);
```

功能：getElementsByTagName()方法获得指定标签名的对象集合。

【例 4.29】 获得网页中段落标记对象集合。

```
<html>
<head>
<script type="text/javascript">
    function showMessage(){
                        var myp = document.getElementsByTagName("p");
                        alert(myp.length);}
</script>
</head>
<body>
    <p>段落 1 中的文字</p>
    <p>段落 2 中的文字</p>
    <p>段落 3 中的文字</p>
    <input type="button" onclick="showMessage()" value="click me" />
</body></html>
```

浏览器中当单击 click me 按钮之后弹出对话框，显示数字 3，表示有三个段落标记。

7）getElementsByName()方法

语法：

```
document.getElementByName(name);
```

功能：getElementsByName()方法可以获得指定 name 值的对象。

【例 4.30】 获取 name 为 a2 的元素集合。

```
1  <html>
2    <head>
3      <script type="text/javascript">
4          function showMessage(){
5                          var myp = document.getElementsByName("a2");
6                          alert(myp.length);}
7      </script>
8    </head>
9    <body>
10     <p name="a2">段落 1 中的文字</p>
11     <p>段落 2 中的文字</p>
12     <p name="a2">段落 3 中的文字</p>
13     <input type="button" onclick="showMessage()" value="click me" />
14 </body></html>
```

浏览器中单击 click me 按钮之后弹出对话框，对话框中显示 2，2 是 name 为 a2 的元素个数。

8）getElementsByClassName()方法

语法：

```
document.getElementsByClassName(Classname);
```

功能：getElementsByClassName()方法可以获得指定类名的对象（由 HTML5 提供的 API）。

【例 4.31】 根据 a2 类名获取指定元素。

```
1  <html>
2      <head>
3          <script type = "text/javascript">
4            function showMessage(){
5                                     var myp = document.getElementsByClassName("a2");
6                                     alert(myp.length);}
7        </script>
8    </head>
9    <body>
10     <p class = "a2">段落中的文字</p>
11     <input type = "button" onclick = "showMessage()" value = "click me" />
12   </body>
13 </html>
```

9）createElement()方法

语法：

```
document.createElement(Tag);
```

功能：createElement()方法用来创建一个 HTML 标记对象，此方法常与 createTextNode()结合使用。使用中要求网页主体中必须有一个容器（如<div>），通过 appendChild()方法把新的子节点添加到指定容器节点中。

【例 4.32】 单击按钮创建新的段落文字。

```
1  <html><head>
2    <script type = "text/javascript">
3          var number = 0;
4          function showMessage(){
5                    number++;
6                    var para = document.createElement("p");
7                    var node = document.createTextNode("这是新段落." + number);
8                    para.appendChild(node);
9                    var element = document.getElementById("div1");
10                   element.appendChild(para);}
```

```
11   </script></head>
12 <body>
13     <div id="div1">div1 中的文字</div>
14     <input type="button" onclick="showMessage()" value="单击创建新段落文字" />
15 </body></html>
```

浏览器中显示效果如图 4.8 所示，单击按钮之后，会出现新的段落文字，如图 4.9 所示。

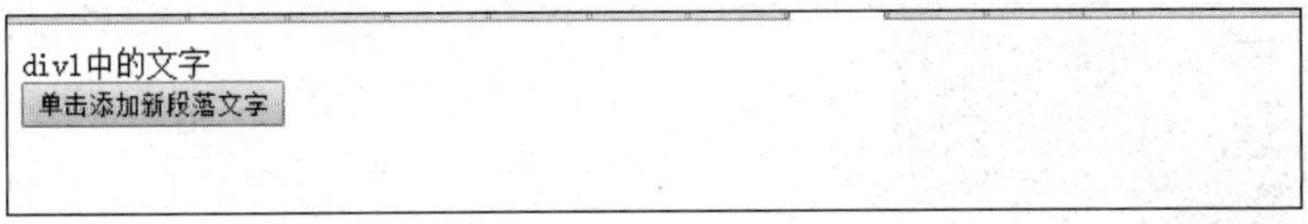

图 4.8　单击“添加新段落文字”按钮操作界面

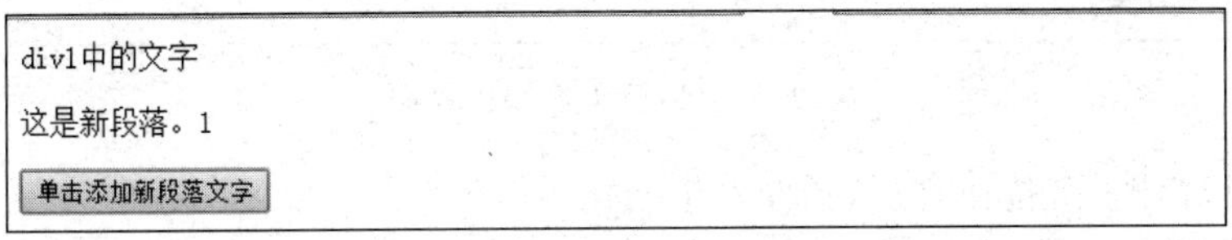

图 4.9　单击“添加新段落文字”按钮效果图

2. image 对象

当网页中出现<img>标记，JavaScript 会自动建立图像对象。如果网页中有多张图像，可以分别通过 document.images[0]，document.images[1]，document.images[2]，…方式表示。也可以通过图像对象的名称访问，如 document.image1。image 对象的常用属性如表 4.8 所示。

表 4.8　image 对象的常用属性

编　号	属　性	描　述
1	align	设置或返回与内联内容的对齐方式
2	alt	设置或返回无法显示图像时的替代文本
3	border	设置或返回图像的边框
4	height	设置或返回图像的高度
5	id	设置或返回图像的标识
6	name	设置或返回图像的名称
7	src	设置或返回图像的 URL
8	width	设置或返回图像的宽度

【例 4.33】 设置图像的 src 属性。

```
1 <html>
2   <head>
3     <script type="text/javascript">
4           function changeSize(){
5           document.getElementById("image").src="../image/img2.jpg"; }
```

```
6        </script></head>
7     <body>
8          <img src="../image/img1.jpg" id="image" /><br/>
9          <input type="button" onclick="changeSize()" value="切换图片" />
10    </body></html>
```

浏览器中显示效果如图 4.10 所示。

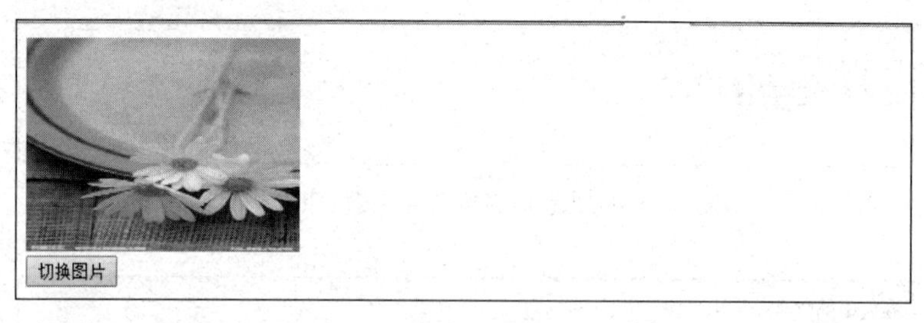

图 4.10 切换图片操作界面

当单击“切换图片”按钮之后,图像发生变化。

3. form 对象

form 对象代表 HTML 表单。在 HTML 中<form>标记每出现一次,form 对象就会创建一次。form 对象的属性如表 4.9 所示。

表 4.9 form 对象属性

编 号	属 性	描 述
1	acceptCharset	服务器可接受的字符集
2	action	设置或返回表单的 action 属性
3	enctype	设置或返回表单用来编码内容的 MIME 类型
4	id	设置或返回表单的标识
5	length	返回表单中的元素数目
6	method	设置或返回将数据发送到服务器的 HTTP 方法
7	name	设置或返回表单的名称

【例 4.34】 form 对象的 name 属性的应用。

```
1   <html>
2     <head></head>
3     <body>
4       <form name="myform" id="myForm" method="get">
5           Name: <input type="text" size="20" value="咸阳师范学院" /><br/>
6           <input type="button" onclick="show()" value="看效果" />
7       </form>
8       <script type="text/javascript">
9                   document.write("Form name: ");
10                  document.write(document.getElementById('myForm').name);
11      </script>
12   </body></html>
```

网页下部显示 form 的 name 值，如图 4.11 所示。

```
Name: 咸阳师范学院
[看效果]
Form name: myform
```

图 4.11　浏览器中运行截图

form 对象方法如下。

1）submit()方法

语法：

```
表单对象.submit();
```

功能：这个方法将表单数据提交到 Web 服务器。该方法提交表单的方式与用户单击 submit 按钮一样，但是表单的 onsubmit 事件句柄不会被调用。

2）reset()方法

语法：

```
表单对象.reset();
```

功能：reset()方法把表单的所有输入元素重置为默认值。

4.4　JavaScript 事件驱动和事件处理

事件驱动和事件处理

4.4.1　事件

事件定义了用户与网页在交互时的操作。例如，当用户单击一个按钮时，触发一个单击事件，告知浏览器需要进行处理操作。

4.4.2　事件监听器

事件监听器也称事件句柄，是调用的一个 JavaScript 函数或代码段。当特定事件发生时，浏览器将调用事件句柄。

可插入到 HTML 标记中的事件句柄如表 4.10 所示。

表 4.10　事件句柄

编　号	事件句柄	触发条件
1	onabort	图像加载被中断
2	onblur	元素失去焦点
3	onchange	用户改变域的内容
4	onclick	鼠标单击某个对象
5	ondblclick	鼠标双击某个对象
6	onerror	当加载文档或图像时发生某个错误

续表

编　号	事件句柄	触发条件
7	onfocus	元素获得焦点
8	onkeydown	某个键盘的键被按下
9	onkeypress	某个键盘的键被按下或按住
10	onkeyup	某个键盘的键被松开
11	onload	某个页面或图像被完成加载
12	onmousedown	某个鼠标按键被按下
13	onmousemove	鼠标被移动
14	onmouseout	鼠标从某元素移开
15	onmouseover	鼠标被移到某元素之上
16	onmouseup	某个鼠标按键被松开
17	onreset	重置按钮被单击
18	onresize	窗口或框架被调整尺寸
19	onselect	文本被选定
20	onsubmit	提交按钮被单击
21	onunload	用户退出页面

添加事件的两种方法如下。

1. 在标签内写事件触发时执行的函数调用

注意：这种写法只支持单个事件，会被其他事件覆盖。

【例 4.35】 事件触发应用。

```
<html><head>
<script type="text/javascript">
function load(){
    document.write("Page is loaded");}
</script>
</head>
<body onload="load()"></body>
</html>
```

浏览器中载入网页主体内容时，<body>标记的 onload 事件被触发，执行 load()函数，在网页中显示 Page is loaded 信息。

2. 在 JavaScript 中动态绑定事件，指定事件监听器

特点：可以添加多个事件而不用担心被覆盖。

1）addEventListener()函数

语法：

```
target.addEventListener(type,listener,useCapture);
```

说明：target 是触发事件的 DOM 对象，如 document 或 window。type 表示事件类型。listener 是监听到事件后处理事件的函数，此函数必须接受 Event 对象作为其唯一的参数。useCapture 是否使用捕捉，此参数的作用是确定监听器是运行于捕获阶段、目标阶段还是冒泡阶段。一般在此参数处使用 false 即可，但是 IE6～IE8 不支持此函数。

【例 4.36】 addEventListener()函数应用。

```
1  <html><head>
2      <script type = "text/javascript">
3          window.onload = function(){
4                                  var button1 = document.getElementById("button1");
5                                  button1.addEventListener('click',add); }
6            function add(){
7                                  document.getElementById("result").value = 1 + 2;}
8    </script>
9  </head>
10 <body>
11   <input type = "button" id = "button1" value = "计算 1 + 2 的结果" />
12   <input type = "text" name = "result" value = "result" id = "result"/>
13 </body></html>
```

单击计算结果按钮，事件监听器执行 add 方法，将 1＋2 的结果显示在 result 文本框，如图 4.12 所示。

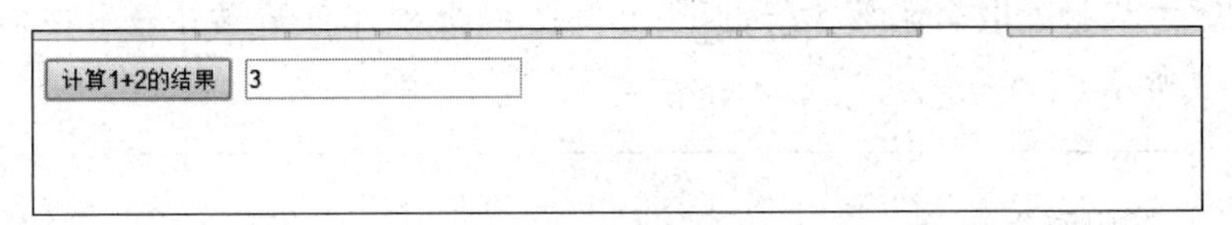

图 4.12　事件监听测试效果图

2) attachEvent()函数

语法：

```
attachEvent('on' + type, listener);
```

说明：IE6～IE10 支持这个方法，IE11 不支持。

【例 4.37】 attachEvent()函数应用。

```
1  <html><head>
2    <script type = "text/javascript">
3            window.onload = function(){
4                            var button1 = document.getElementById("button1");
5                            button1.attachEvent('onclick',multiply); }
6            function multiply(){
7                            document.getElementById("result").value = 2 * 4;     }
8    </script>
9  </head>
10 <body>
11     <input type = "button" id = "button1" value = "计算 2 * 4 的结果" />
12     <input type = "text" name = "result" value = "result" id = "result"/>
13 </body></html>
```

3）'on'＋type＝function(){}

说明：所有浏览器均支持这种写法。

【例 4.38】 事件绑定实例。

```
1  <html><head>
2     <script type="text/javascript">
3        window.onload = function(){
4                                    var button1 = document.getElementById("button1");
5                                    button1.onclick = function (){
6                                    document.getElementById("result").value = 2 * 4;}}
7     </script>
8    </head>
9    <body>
10     <input type="button" id="button1" value="计算 2 * 4 的结果" />
11     <input type="text" name="result" value="result" id="result"/>
12  </body></html>
```

按钮单击之后触发匿名函数执行，返回 2 与 4 的乘积计算结果并显示在 result 文本框中，如图 4.13 所示。

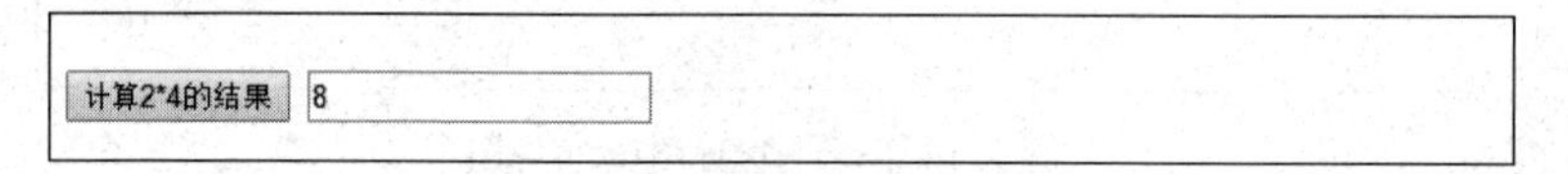

图 4.13　事件监听测试效果图

4.5　JavaScript 表单编程

表单提交

4.5.1　表单提交

可以通过下面 5 种方式进行表单提交操作。

以下例子中都对文本框中的数据进行验证，验证通过则显示提交成功。

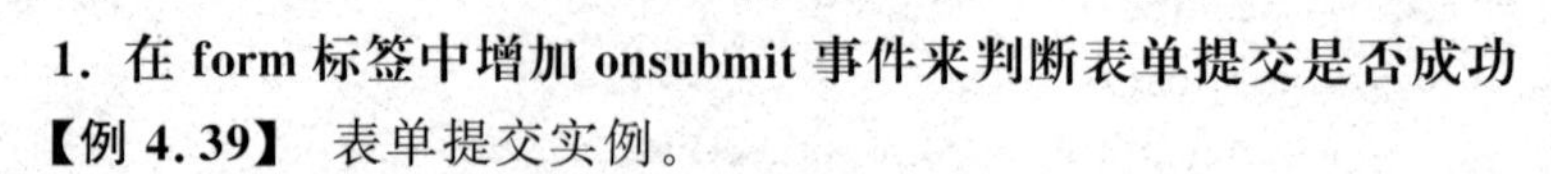

1. 在 form 标签中增加 onsubmit 事件来判断表单提交是否成功

【例 4.39】 表单提交实例。

```
1 <html><head>
2  <script type="text/javascript">
3    function validate(obj) {
4            var valued = obj.value;
5            if (valued==null||valued=="") {
6                    alert("验证不通过");
7                    return false; }
8            else {
9                    alert(valued+"验证通过");
```

```
10                  return true; } }
11     </script>
12  <body>
13     <form action="" id="myForm" onsubmit="return validate(document.getElementById
14     ('name'));">
15        <input type="text" id="name"/>
16        <input type="submit" value="submit"/>
17     </form></body></html>
```

2. 通过 submit 按钮来触发表单提交事件 onclick="submitForm();"

说明：此方式会忽略其他标签中的属性，如 form 标签中的 onsubmit 属性失效。这时为了进行表单验证，可以将验证代码放在 submitForm()方法中进行验证。

【例 4.40】 表单提交实例。

```
1 <html><head>
2     <script type="text/javascript">
3         function validate() {
4                   var valued = document.getElementById("name").value;
5                   if (valued==null||valued=="") {
6                         alert("验证不通过");
7                         return false;}
8                   else {
9                         alert(valued+"验证通过");
10                        return true; }}
11        function submitForm() {
12                  if (validate()) {
13                        document.getElementById("myForm").submit();}
14                }
15       </script>
16 <body>
17    <form action="" id="myform">
18       <input type="text" id="name"/>
19       <input type="submit" value="submit" onclick="submitForm();"/>
20    </form></body></html>
```

3. 将 onsubmit 事件放在 submit 标签中，而不是 form 标签中

这种方式提交数据，表单验证失效，单击提交按钮数据直接提交表单。

【例 4.41】 表单提交实例。

```
1  <html><head>
2     <script type="text/javascript">
3         function validate() {
4               var valued = document.getElementById("name").value;
5               if (valued==null||valued=="") {
6                     alert("验证不通过");
7                     return false; }
8               else {
```

```
9                           alert(valued + "验证通过");
10                          return true; } }
11   </script>
12  </head>
13  <body>
14         <form action = "" id = "myForm">
15                    <input type = "text" id = "name" />
16                    <input type = "submit" value = "submit" onSubmit = "return validate()"/>
17         </form>
18  </body></html>
```

4. 为 submit 按钮添加 onclick 事件

该事件用于表单提交的验证,功能类似于在 form 标签中增加了 onsubmit 事件。

【例 4.42】 表单验证实例。

```
1 <html><head>
2    <script type = "text/javascript">
3        function validate() {
4                 var valued  =  document.getElementById("name").value;
5                 if (valued == null||valued == "") {
6                          alert("验证不通过");
7                          return false; }
8                 else {
9                          alert(valued + "验证通过");
10                         return true; }}
11  </script></head>
12 <body>
13         <form action = "" id = "myForm">
14                <input type = "text" id = "name" />
15                <input type = "submit" value = "submit" onClick = "return validate()"/>
16         </form>
17  </body></html>
```

5. 通过 button 按钮来触发表单提交事件 onclick="submitForm();"

说明：这种方式定义提交事件同样会忽略其他标签中的属性,如 form 标签中的 onsubmit 属性失效。可以将验证代码放在 submitForm()方法中进行验证。

【例 4.43】 表单提交实例。

```
1 <htm><head>
2    <script type = "text/javascript">
3      function validate() {
4                 var valued  =  document.getElementById("name").value;
5                 if (valued == null||valued == "") {
6                          alert("验证不通过");
7                          return false; }
8                 else {
```

```
9                         alert(valued + "验证通过");
10                        return true; }}
11     function submitForm() {
12                  if (validate()) {
13                         document.getElementById("myForm").submit();}}
14      </script> </head>
15  < body >
16         < form action = "" id = "myForm">
17         < input type = "text" id = "name" />
18         < input type = "button" value = "submit" id = "btn" onclick = " submitForm() "/>
19      </form></body></html>
```

4.5.2 表单重置

表单重置

将 input 输入框内的值还原成初始值，重置只对< input >标记有效。可以通过下面两种方式进行表单重置操作。

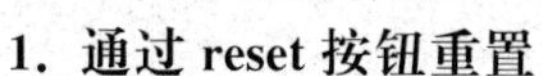

1. 通过 reset 按钮重置

reset 按钮定义的代码如下：

```
1 < form id = "formid">
2     < input type = "text" id = "name"/>
3     < input type = "reset" value = "reset" />
4 </form>
```

2. 通过 form 对象的 reset()方法重置

【例 4.44】 reset()方法应用。

```
1  < html >< head >
2     < script type = "text/javascript">
3              function resetForm() {
4                       alert("表单被重置");
5                       document.getElementById("myForm").reset();}
6     </script> </head>
7   < body >
8      < form action = "" id = "myForm">
9             < input type = "text" id = "name" />
10            < input type = "button" value = "重置" id = "btn" onclick = "resetForm()" />
11     </form></body></html>
```

4.5.3 表单验证

表单验证

JavaScript 主要验证的数据包括是否填写表单中的必填项目、输入的邮件地址是否合法、是否输入合法的日期、是否在数据域中输入了文本。

可以通过 form 标记的 onsubmit 方法触发校验函数执行，校验函数用来检查是否已填写表单中的必填(或必选)项目。假如必填或必选项为空,那么会弹出警告框,并且函数的返回值为 false,校验通过则函数的返回值则为 true,表单正常提交。

【例 4.45】 表单数据验证。

```
1  <html><head>
2      <script type="text/javascript">
3            function validate_required(field,alerttxt){
4                  if (value==null||value==""){
5                      alert(alerttxt);
6                      return false}
7                  else {
8                      alert("验证通过");
9                      return true;}}
10           function validate_form(thisform){
11                 with (thisform) {
12                     if (validate_required(username,"username must be filled out!") == false) {
13                                 username.focus();
14                                 return false; } } }
15         </script></head>
16     <body>
17         <form action="" onsubmit="return validate_form(this)" method="post">
18             用户名:<input type="text" name="username" size="30">
19             <input type="submit" value="submit">
20         </form>
21  </body></html>
```

说明:例中的 with(obj)作用就是将语句块中的缺省对象设置为 obj,在语句块中引用 obj 的方法或属性时可以省略 obj 的输入,直接用方法或属性的名称。

用户单击表单中的提交按钮会触发 onsubmit 事件,执行 validate_form()函数,当此函数返回为 true,正常提交表单数据至服务器端;如果返回为 false,数据不会被提交。

4.6 JavaScript 定时器

定时器

JS 定时器有以下两种设置方法:

setInterval():按照指定的周期(以毫秒计)调用函数或计算表达式。该方法会重复调用函数,直到 clearInterval()被调用或窗口被关闭。

setTimeout():在指定的毫秒数后调用函数或计算表达式。该方法只调用函数一次。

4.6.1 setInterval()

语法:

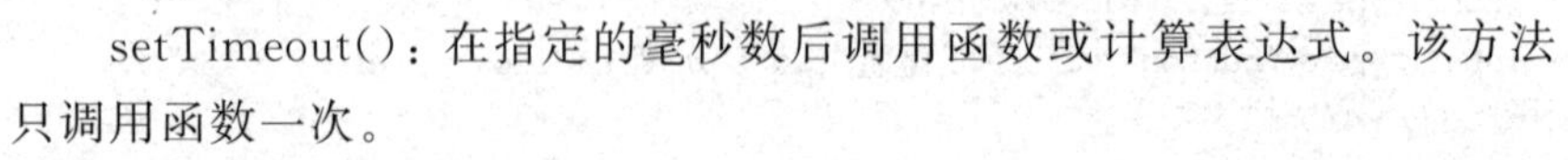

```
setInterval(code,millisec,lang)
```

说明:

- code 为必填项,表示要调用的函数或要执行的代码串;

- millisec 为必填项，表示周期性执行或调用 code 的时间间隔，以毫秒计；
- lang 为可选项，其值可以为 JScript、VBScript 或 JavaScript。

【例 4.46】 setInterval 的应用实例，完成一个变化的数字脚本程序，每秒变化一个数字，0～9 按照顺序变化。

```
1  <html><head>
2        <script type = "text/javascript">
3        var i = 0;
4        window.onload = function(){
5        var interv  =  setInterval(run,1000);
6        var mys  =  document.getElementById("mys"); }
7        function run(){
8               if (i == 10) {
9                   i = 0;}
10       mys.innerHTML  =  i;
11       i++;}
12       </script></head>
13    <body>
14       <div>
15           变化的数字:<span id = "mys"></span>
16       </div>
17    </body></html>
```

网页载入之后，执行匿名函数，启动定时器，每秒执行一次 run()方法，将数字显示在<span>容器中，数字加 1。当数字为 10 时，重置为 0。运行效果如图 4.14 所示。

变化的数字：6

图 4.14　数字变化效果图

4.6.2　clearInterval()

语法：

```
window.clearInterval(name);
```

说明：name 为必填项，表示要关闭的定时器的名称。

【例 4.47】 clearInterval 的应用实例，在例 4.46 中添加一个停止按钮，单击该按钮后数字不再发生变化。

```
1  <html><head>
2        <script type = "text/javascript">
3              var i = 0;
4              var interv;
```

```
5               window.onload = function(){
6                   interv = setInterval(run,1000);
7                     var mys = document.getElementById("mys");
8                     }
9               function run(){
10                    if (i == 10) {
11                        i = 0;}
12                    mys.innerHTML = i;
13                    i++;}
14              function toStop(){
15                  window.clearInterval(interv);}
16       </script></head>
17     <body>
18         <div>
19             变化的数字:<span id = "mys"></span>
20             <input type = "button" onclick = "toStop()" value = " 停止 ">
21         </div></body></html>
```

浏览器窗口中运行效果如图 4.15 所示。

单击"停止"按钮,执行 toStop()方法,关闭 interv 定时器,数字不再变化。

变化的数字: 2 停止

图 4.15 定时器效果图

4.6.3 setTimeout()

语法:

```
setTimeout(code,millisec,lang);
```

说明:

- code 为必填项,表示要调用的函数或要执行的代码串;
- millisec 为必填项,表示周期性执行或调用 code 的时间间隔,以毫秒计;
- lang 属性为可选项,值可以为 JScript、VBScript 或 JavaScript。

【例 4.48】 使用 setTimeout 实现 4.6.2 节的实例。

```
1 <html><head>
2       <script type = "text/javascript">
3        var i = 0;
4        var interv;
5        window.onload = function(){
6            interv = setTimeout(run,1000);
7            var mys = document.getElementById("mys"); }
```

```
8        function run(){
9            if (i == 10) {
10           i = 0; }
11           mys.innerHTML = i;
12           i++;
13           interv = setTimeout(run,1000); }
14     </script></head>
15 <body>
16     <div>
17         变化的数字:<span id = "mys"></span>
18     </div>
19 </body></html>
```

页面载入之后，执行匿名函数。1000 毫秒后仅执行一次 run 函数，页面中显示变化的数字为 0。

本章小结

JavaScript 是网站前端开发中一门重要的语言，利用这门语言可以实现与用户交互和表单验证功能。JavaScript 与 Java 是两门不同的语言。在学习 JavaScript 时一定要多实践，同时要总结脚本程序调试方法。

有两种方法可以将 JavaScript 脚本代码引入到网页中，分别是嵌入到网页中或定义在外部的 JS 文件中。JavaScript 脚本可以通过文本编辑器编辑，为了提高开发效率，推荐使用 EditPlus 或 Sublime Text 编辑器。

JavaScript 的运算符、表达式、选择结构和循环结构与其他语言都非常相似。

JavaScript 支持许多内部函数，如弹出消息框的 alert()函数，要求用户输入信息的 prompt()函数。熟练掌握这些内部函数，可以让程序写得更加得心应手。在 JavaScript 中用户可以根据需要自定义函数，定义的函数可以通过函数名、JavaScript 方式或事件绑定机制调用。

JavaScript 中有大量的内置对象。例如，表示字符串的 String 对象，表示数学的 Math 对象，表示日期和时间的 Date 对象，表示正则表达式的 RegExp 对象。这些对象中定义了功能强大的属性和方法。

浏览器对象 BOM 中包含了浏览器的一组相关对象。其中，navigator 对象表示浏览器的基本信息；window 对象表示浏览器窗口对象；location 对象表示页面的地址，用来对页面重定向；history 对象表示用户在网页中访问过的 URL；document 对象表示网页文档，通过 document 对象可以获取网页中的所有元素，方法 getElementById()一定要熟练掌握；image 对象表示网页中的图像对象；form 对象表示 HTML 中的表单对象。

在网页中添加事件有两种方式，标记内添加函数调用和在 JavaScript 中动态绑定事件。这两种方式相比，第二种方法可以一次添加多个事件，而且事件之间不会相互覆盖。

表单编程是 JavaScript 的重要功能之一。通过 JavaScript，可以获取表单中的元素的值；进行表单数据的合法性验证；将表单中数据清空；验证之后进行数据提交。

课后习题

(1) 在 HTML 文件中嵌入 JavaScript 脚本时,必须使用标记对________。

(2) 定义 JavaScript 函数的关键字是________,定义函数时的参数称为________,调用函数时的参数称为________。

(3) 介绍 JavaScript 中常用的内置对象的常用属性和方法。

第5章 jQuery

5.1 jQuery 基础

jQuery 基础

5.1.1 jQuery 概述

jQuery 是一个快速、简洁的 JavaScript 函数库。jQuery 设计宗旨是 Write Less,Do More(写更少的代码做更多的事情)。jQuery 提供一种简便的 JavaScript 设计模式,在 jQuery 中优化了 HTML 文档操作、事件处理、动画设计和 AJAX 交互。jQuery 兼容各种主流浏览器,如 IE 6.0 以上、FF 1.5 以上、Safari 2.0 以上、Opera 9.0 以上版本的浏览器。

5.1.2 jQuery 功能

jQuery 的功能如下:

(1) 查询 HTML 元素,修改 HTML 元素的属性和样式。

(2) 动态生成网页元素,并插入到原来的布局中,读取和改变元素的内容、属性值以及样式。

(3) jQuery 动画特效。使用 jQuery 可以为网页元素添加显示、隐藏、上下滑动等动画效果。

(4) 与 AJAX 进行交互,实现提交数据局部刷新网页。AJAX 是异步的 JavaScript 和 XML 的简称,可以开发出无刷新的网页。开发服务器端网页时,需要多次与服务器通信,不使用 AJAX 时数据更新需要重新刷新网页,而通过 AJAX 可以对页面进行局部刷新,减少整页刷新次数。

5.1.3 jQuery 下载

任何一款网页编辑工具都可以用来编辑和调试 jQuery 程序,如 HBuilder、SublimeText。

如果编写 jQuery 脚本,需要在官网下载 jQuery 脚本库。jQuery 的下载地址是 http://jquery.com/download/。最新的 jQuery 版本是 3.3.1,每个版本对应三种脚本库,compressed、uncompressed 和 source map。compressed 是压缩版,文件较小,适合项目开发,但是不方便调试。uncompressed 是没有经过压缩处理的版本,文件较大,但调试方便。

source map 是一个信息文件，里面存储信息转换后的代码的位置所对应的转换前的位置，方便进行 JavaScript 还原性调试。通过 source map，调试工具将直接显示原始代码，而不是转换后的代码。有关 source map，读者可以参考网址 http://www.ruanyifeng.com/blog/2013/01/javascript_source_map.html。

本书使用最新的版本 jQuery 3.3.1，在使用时需要将其复制到站点根目录下。

5.1.4　第一个 jQuery 程序

下面通过一个简单的 jQuery 程序，方便读者了解 jQuery 编程特点。

【例 5.1】 jQuery 程序示例。

```
1  <html><head>
2    <meta charset = "utf - 8">
3    <script type = "text/javascript" src = "jquery - 3.3.1.js"></script>
4    <script type = "text/javascript">
5          $(document).ready(function(){
6                      alert("hello world!");})
7    </script>
8  </head>
9  <body>
10  </body>
11 </html>
```

当页面载入之后，弹出 hello world 消息框。页面显示效果如图 5.1 所示。

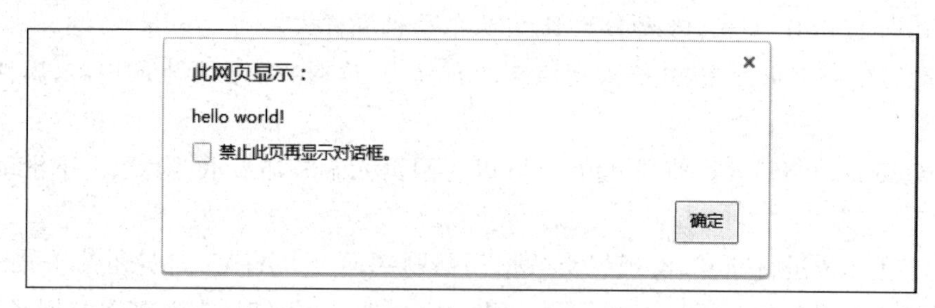

图 5.1　显示截图

说明：第 5 行代码中 $() 表示 jQuery 对象，用来引用网页中指定的元素对象。如引用 p 对象的写法 $("p")，在 JavaScript 中的写法是 document.getElementById("p")。$(document) 表示引用 HTML 文档的 document 对象。$(document).ready(){} 表示当 HTML 文档载入(ready)之后执行匿名函数，即页面中出现提示框——alert() 方法。

5.2　jQuery 选择器

通过 jQuery 可以对 HTML 元素进行动态管理，在操作网页元素之前需要通过 jQuery 选择器引用元素。在 jQuery 中，有基础选择器和层次选择器。

5.2.1 基础选择器

基础选择器

1. 标签选择器

标签选择器是通过 HTML 标签名称引用网页元素，如通过 $("table") 可以选取网页中的 table 元素。

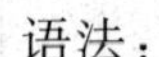

语法：

```
$("标签名");
```

2. 类选择器

类选择器是根据网页元素类名来引用网页元素。

语法：

```
$(".类名");
```

例如，在网页中定义了一个名为 title 的 CSS 类，在 p 标记中应用了<p class="title">，如果要引用该对象，可以通过类选择器 $(".title")表示。

3. id 选择器

id 选择器是通过网页元素 id 号选择对应的 HTML 元素。

语法：

```
$("#id号");
```

【例 5.2】 通过 id 号选择 HTML 元素实例。

```
1  <html><head>
2      <meta charset="utf-8">
3      <script type="text/javascript" src="jquery-3.3.1.js"></script>
4      <script type="text/javascript">
5          $(document).ready(function(){
6                      alert($("#mybox").html());    })
7  </script>
8  </head>
9  <body>
10     <div id="mybox">    aaaa      </div>
11   </body></html>
```

浏览器中运行效果如图 5.2 所示。

网页中定义了一个 id 为 mybox 的 div，当网页载入后，将 div 中的网页内容出现在弹出的对话框中。html()方法表示获取被选中元素的内容。

4. 选择所有元素

在 jQuery 中，使用通配符“*”表示引用所有 HTML 元素。

语法：

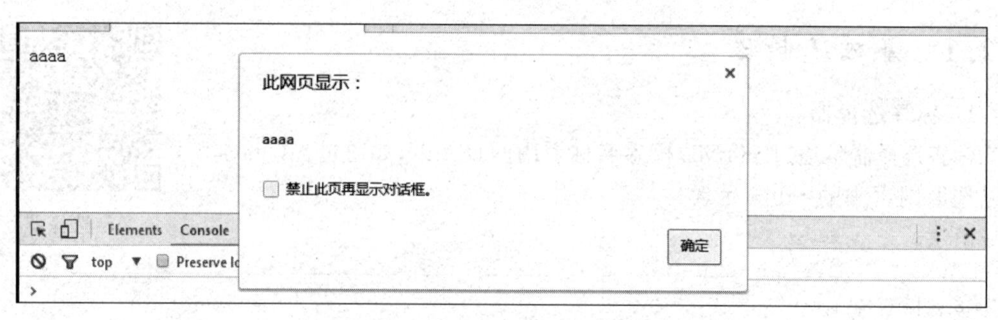

图 5.2　通过 id 号引用元素截图

```
$("*");
```

5. 同时选择多个元素

如果同时对多个 HTML 元素进行相同的操作，可以通过逗号运算符一次性引用多个元素。

语法：

```
$("选择器 1,选择器 2,选择器 3");
```

【例 5.3】 同时引用多个 HTML 元素实例。

```
1  <html><head>
2    <meta charset = "utf-8">
3    <script type = "text/javascript" src = "jquery-3.3.1.js"></script>
4    <script type = "text/javascript">
5         $(document).ready(function(){
6                   $("#mybox,p").text("html");    })
7    </script></head>
8   <body>
9    <div id = "mybox">     aaaa     </div>
10   <p> page </p>
11  </body></html>
```

网页中有两个元素，分别是 id 为"mybox"的 div 元素和 p 元素，通过 $("#mybox,p") 将这两个元素同时引用，通过 text() 方法设置这两个元素的值为"html"。运行效果如图 5.3 所示。

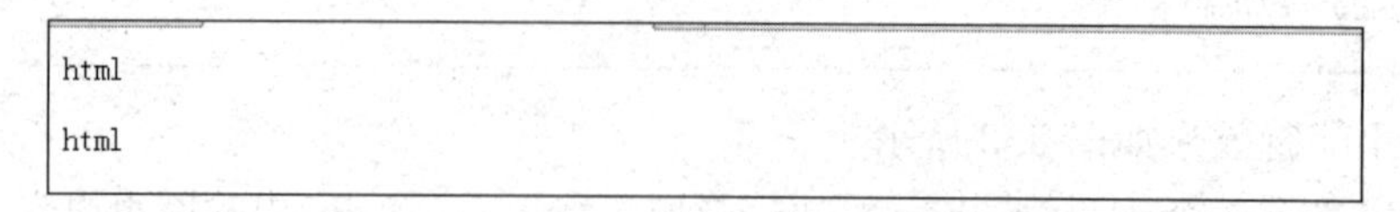

图 5.3　引用多个元素网页的运行结果

5.2.2　层次选择器

HTML 文件中的元素是有一定的层次关系的，如处于根部的是 HTML 元素，其下有头部元素和主体元素，它们分别有自己的子元素，如 head 中包含 title 和 meta 等元素。

层次选择器

1. 祖先-后代选择器

利用祖先-后代选择器可以选取某个祖先元素的指定后代元素，如利用 $("div p ")可以选择 div 中所有的 p 元素。

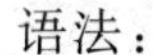
语法：

```
$("祖先选择器 后代选择器");
```

【例 5.4】 祖先-后代选择器的应用。

```
1  <html><head>
2      <meta charset = "utf-8">
3      <script type = "text/javascript" src = "jquery-3.3.1.js"></script>
4      <script type = "text/javascript">
5         $(document).ready(function(){
6                        $("#mybox div").css("font-size","20px");})
7      </script></head>
8    <body>
9      <div id = "mybox">
10              <div><span>hello world</span> everyone! </div>
11     </div>
12 </body></html>
```

2. 父>子选择器

使用父>子选择器可以选取指定父元素中的某些子元素，如通过 $("div>p")可以选取 div 中直接子元素< p >元素。

语法：

```
$("父选择器>子选择器");
```

【例 5.5】 父>子选择器的应用。

```
1  <html><head>
2    <meta charset = "utf-8">
3    <script type = "text/javascript" src = "jquery-3.3.1.js"></script>
4    <script type = "text/javascript">
5         $(document).ready(function(){
6                    $("#mybox>div").css("font-size","20px");})
7    </script></head>
8  <body>
9    <div id = "mybox">
10       <div class = "s1">
11           <span class = "s1"> hello world</span>
12           everyone!
13       </div>
```

```
14    </div>
15  </body></html>
```


$("#mybox>div")表示引用 id 号为"mybox"的网页元素的直接<div>子元素，也就是字符串"everyone."，通过 css("font-size","20px")方法，为其设置文字大小为 20px。对于<span>元素，由于不是"mybox"<div>的直接子元素，所以大小不受影响。

小贴士：祖先-后代选择器与父>子选择器的区别是什么？

两者的区别是，祖先-后代选择器能表示祖先元素中所有的某类后代元素；包括子元素和孙子元素；而父>子选择器只能表示父元素的直接子元素。

3. 前+后选择器

前+后选择器可以选择指定的前面元素后面的元素。

语法：

```
$("前元素+后元素");
```

【例 5.6】 前+后元素选择器应用。

```
1  <html><head>
2        <meta charset="utf-8">
3        <script type="text/javascript" src="jquery-3.3.1.js"></script>
4        <script type="text/javascript">
5              $(document).ready(function(){
6                          $("#username+#mbutton").css("font-family","微软雅黑");})
7        </script></head>
8    <body>
9        <input type="text" name="username" id="username" />
10       <input type="button" name="mybutton" id="mbutton" value="按钮" />
11   </body></html>
```

$("#username+#mbutton")表示引用 id 号为"username"的元素后边的 id 号为"mbutton"的元素，通过 css()方法设置字体为微软雅黑。

4. 前～兄弟选择器

使用前～兄弟选择器可以引用前面元素后面的兄弟元素。

语法：

```
$("前元素～兄弟元素");
```

【例 5.7】 前～兄弟选择器应用。

```
1  <html><head>
2      <meta charset="utf-8">
3      <title>
4          jquery 演练 6
```

```
5         </title>
6         <script type="text/javascript" src="jquery-3.3.1.js"></script>
7         <script type="text/javascript">
8             $(document).ready(function(){
9                               $("p ~ div").css("font-size","20px");})
10        </script></head>
11    <body>
12        <p>基本选择器</p>
13        <div>
14            <span>hello world</span>
15        </div>
16        <div>hello world!</div>
17    </body>
18    </html>
```

$("p ～ div")表示段落标记后续的<div>标记，由于<span>标记是嵌套在<div>标记中，因此<span>标记不在引用范围。css("font-size","20px")方法是对这些符合要求的元素设置css文字大小为20像素。

5.2.3 过滤器

过滤器

利用过滤器可以对选中的数据进行过滤。过滤器的使用方法是$("选择器：s过滤器")。

1. 基本过滤器

：first匹配找到的第一个元素。

例如，$("input：first")选择网页中的第一个<input>元素。

：last匹配找到的最后一个元素。

例如，$("input：last")选择网页中的最后一个<input>元素。

：not过滤与给定选择器匹配的元素。

例如，$("input：not(.one)")表示引用<input>中class不是one的元素。

：even匹配所有索引值是偶数的元素。

例如，$("input：even")表示引用<input>元素中索引值为偶数的元素，索引值从0开始，even表示奇数次出现的<input>元素，如网页中第1个、3个、5个input元素。

：odd匹配所有索引值是奇数的元素。

例如，$("input：odd")表示引用<input>元素中索引值为奇数的元素，索引值从0开始表示，odd表示偶数次出现的<input>元素。

：eq(index)匹配索引值是index的元素。

例如，$("input：eq(0)")匹配<input>中索引号为0的元素。

：gt(index)匹配索引值大于index的元素。

例如，$("input：gt(0)")匹配<input>元素索引值大于0的元素。

：lt(index)匹配索引值小于index的元素。

例如，$("input：lt(2)")匹配<input>元素中索引值小于2的元素。

：header匹配h1～h6的元素。

语法：

```
$("：header")
```

【例 5.8】 基本过滤器应用实例。

```
1 <html><head>
2     <meta charset = "utf - 8">
3     <script type = "text/javascript" src = "jquery - 3.3.1.js"></script>
4     <script type = "text/javascript">
5        $(document).ready(function(){
6          $("input:first").css("background - color","blue");
7          $("input:last").css("background - color","red");
8          $("input:even").css("background - color","blue");
9          $("input:gt(0)").css("background - color","blue");
10         })
11    </script></head>
12 <body>
13    <form>
14          <input type = "text" name = "uname">
15          <input type = "password" name = "pwd">
16          <input type = "email" name = "myemail">
17          <input type = "submit" value = "提交">
18    </form></body></html>
```

第 6 行代码设置网页中的第一个<input>元素的 CSS 属性，第 7 行代码设置网页中的最后一个<input>元素的 CSS 属性，第 8 行代码设置网页中的索引号为奇数的<input>元素 CSS 属性，第 9 行代码设置网页中的索引号为大于 0 的<input>元素 CSS 值。

说明：在书写代码时，为了能更好地查看代码运行效果，建议每次只应用一条语句，将其余过滤器代码注释执行。

例如：

```
$("input:first").css("background - color","blue");
//$("input:last").css("background - color","red");
//$("input:even").css("background - color","blue");
//$("input:gt(0)").css("background - color","blue");
```

2. 内容过滤器

内容过滤器是根据网页元素的内容对元素进行过滤。

：contains()表示包含指定内容的元素。例如，$("div：contains(hello world!)")表示匹配 div 中包含"hello world!"的字符串。

：empty 表示不包含子元素或内容为空的元素。例如，$("div：empty ()")表示匹配不含子元素或文本的 div 空元素列表。

：has()表示匹配指定子元素的元素。例如，$("div：has (span)")表示匹配含有<span>元素的<div>元素。

：parent()匹配包含子元素或内容的元素。例如，$("div：parent (span)")表示匹配至少包含一个<span>元素的<div>元素。

【例 5.9】 内容过滤器应用实例。

```
1 <html><head>
2        <meta charset = "utf-8">
3        <script type = "text/javascript" src = "jquery-3.3.1.js"></script>
4        <script type = "text/javascript">
5           $(document).ready(function(){
6               $("div:contains(jquery)").css("font-size","20px");
7            $("div:empty()").css("border","1px solid black");
8            })
9     </script></head>
10 <body>
11 <div></div>
12  <div>      jquery   </div>
13 </body></html>
```

第6行代码匹配div中包含jquery的字符串,设置包含"jquery"字符串的<div>中文字大小为20像素。第7行代码匹配不含子元素或文本的<div>,满足条件的<div>边框设置为1像素实线。

3. 可见性过滤器

jQuery中有两个可见性过滤器,分别是hidden和visible过滤器。

例如,$("input:hidden")匹配所有隐藏域元素。在HTML中,当一个<input>元素的type属性值为hidden时,表示隐藏域元素,写法如下:

```
<input type = "hidden"/>
```

:hidden表示匹配所有不可见元素

:visible用来匹配所有可见元素。

【例 5.10】 可见性过滤器应用实例。

```
1  <html><head>
2      <meta charset = "utf-8">
3      <script type = "text/javascript" src = "jquery-3.3.1.js"></script>
4      <script type = "text/javascript">
5          $(document).ready(function(){
6              alert($("input:hidden").val());
7          })
8      </script></head>
9  <body>
10     <form><input type = "hidden" name = "myhidden" value = "userzhangsan"/></form>
11 </body></html>
```

第6行代码通过对话框输出隐藏域中的文本信息。

4. 属性过滤器

属性过滤器是根据元素的属性或属性值过滤。

[属性名]匹配包含指定属性的元素。例如，$("input[name]")表示匹配包含 name 属性的 input 元素。

[属性名＝值]匹配指定属性值的元素。例如，$("input[name＝username]")表示匹配 name 属性值为 username 的< input >元素。

[属性名!＝值]匹配属性不等于指定属性值的元素。例如，$("input[name!＝username]")表示匹配 name 属性值不为 username 的< input >元素。

【例 5.11】 属性过滤器应用实例。

```
1  < html >< head >
2      < meta charset = "utf - 8">
3      < script type = "text/javascript" src = "jquery - 3.3.1.js"></script >
4      < script type = "text/javascript">
5       $ (document).ready(function(){
6           $ ('input[name]').val("默认值");
7           $ ('input[ id = email]').val("abc@qq.com");
8       })
9    </script ></head >
10  < body >
11    < form >
12        < input type = "text" name = "uname">
13        < input type = "text" name = "unumber">
14        < input type = "email" id = "email">
15    </form ></body ></html >
```

第 6 行代码设置包含 name 属性的< input >元素的值为“默认值”。第 7 行设置 id 值为 email 的< input >元素的默认值为“abc@qq.com”。

5.3 设置 HTML 属性及 CSS 样式

通过 jQuery 可以控制网页中的 DOM(Document Object Model，文档对象模型)元素。jQuery 提供一系列与 DOM 相关的方法，使访问和操作元素和属性变得容易。

5.3.1 获得及设置 HTML 元素内容

获得及设置< html >元素内容

jQuery 通过 text()、html()以及 val()方法可以获取或设置 DOM 元素的文本内容。

- text()：获取或设置所选元素的文本内容。
- html()：设置或获取所选元素的内容，其中包括< HTML >标记。
- val()：设置或获取表单字段的值，用在表单元素中。

【例 5.12】 获取 HTML 元素应用实例。

```
1 < html >< head >
2   < meta charset = "utf - 8">
3   < script type = "text/javascript" src = "jquery - 3.3.1.js"></script >
```

```
4     <script type="text/javascript">
5         $(document).ready(function(){
6                     $("#show").click(function(){
7                     alert("Message: " + $("#mes").text());
8                     alert("Message: " + $("#mes").html());
9               });
10        $("#set").click(function(){
11                  $("#mes").html("<b>最新设置的文本</b>");
12              })
13         })
14      </script></head>
15    <body>
16        <p id="mes">这是段落中的<b>粗体</b>文本.</p>
17        <input type="button" id="show" value="显示文本">
18        <input type="button" id="set" value="设置文本">
19    </body></html>
```

第7行代码获取id为mes的标记中的文本,第8行代码获取id为mes标记中的内容,包括<HTML>标记。第11行代码设置id为“mes”标记中的HTML内容。

网页在浏览器中运行时,当单击“显示文本”按钮先后两次弹出对话框,分别显示段落标记<p>中的文本内容和包含标记的文本信息,单击“设置文本”按钮,通过id选择器$("#mes")选取mes元素,并设置段落中的HTML内容,如图5.4所示。

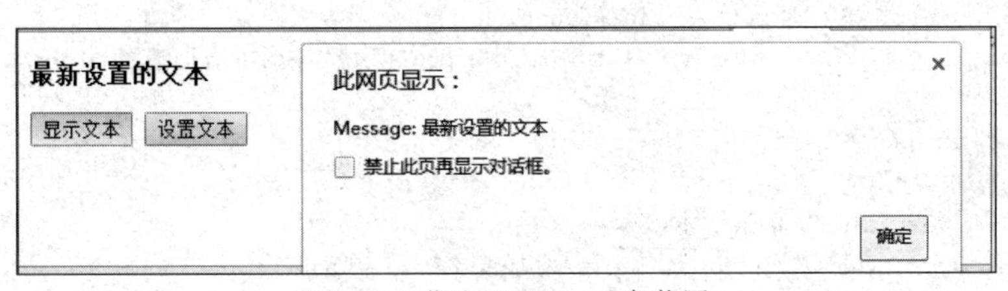

图5.4 获取HTML元素截图

5.3.2 获取及设置获得HTML元素属性

在jQuery中,通过attr()方法可以获取或设置所选元素的属性值。

【例5.13】 attr()方法应用。

```
1 <html><head>
2     <meta charset="utf-8">
3     <script type="text/javascript" src="jquery-3.3.1.js"></script>
4     <script type="text/javascript">
5         $(document).ready(function(){
6               $("#but").click(function(){
7                    $("#uname").attr("value","李四"); })
8               })
9   </script></head>
10 <body>
11     <input type="text" id="uname" value="张三">
```

```
12    <input type = "button" value = "改变属性值" id = "but">
13 </body></html>
```


第 5 行代码表示当文档载入之后执行匿名函数。第 6 行代码为按钮绑定单击事件，当单击按钮之后执行匿名函数。第 7 行代码设置 id 值为 uname 文本框的 value 值是李四。

5.3.3 添加新元素/内容

添加新元素/内容

jQuery 中使用 append()、prepend()、after()、before()等方法向网页中添加新元素或内容。

- append()：在被选元素的结尾插入内容。
- prepend()：在被选元素的开头插入内容。
- after()：在被选元素之后插入内容。
- before()：在被选元素之前插入内容。

【例 5.14】 添加新元素实例。

```
1 <html><head>
2    <meta charset = "utf-8">
3        <script type = "text/javascript" src = "jquery-3.3.1.js"></script>
4        <script type = "text/javascript">
5             $(document).ready(function(){
6                  $("#but").click(function(){
7                                 $("#oldm").append("<br><b>增加后的文本</b>");})
8                       })
9        </script></head>
10  <body>
11       <p id = "oldm">原始文本</p>
12       <input type = "button" value = "增加文本" id = "but">
13  </body></html>
```

第 7 行代码向段落 p 中现有文本之后插入新的文本“增加后的文本”。

浏览器中运行效果如图 5.5 所示，当单击“增加文本”按钮之后，显示如图 5.6 所示的效果。

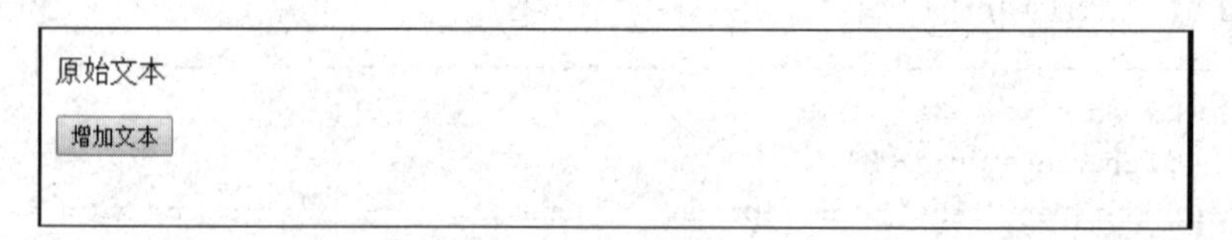

图 5.5　增加文本前的截图

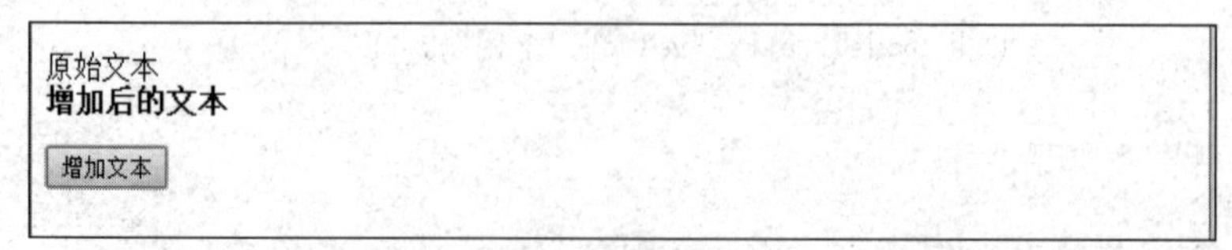

图 5.6　单击“增加文本”按钮之后网页截图

程序中通过 append()方法向指定的元素中追加内容，append(content)方法中 content 参数表示被追加的数据，可以是字符、< HTML >标记，还可以是一个返回字符串内容的函数。

jQuery 中通过 appendTo 方法也可以创建节点：

语法：

```
$ (content).appendTo(selector);
```

其中，参数 content 表示需要插入的内容，参数 selector 表示被选的元素，即把 content 内容插入 selector 元素内，默认插入到尾部。

【例 5.15】 创建节点实例。

```
1 < html >< head >
2    < meta charset = "utf - 8">
3    < script type = "text/javascript" src = "jquery - 3.3.1.js"></script >
4    < script type = "text/javascript">
5        $ (document).ready(function(){
6            $ ("< input type = 'text'/>").appendTo( $ ("form"));
7        })
8    </script ></head >
9  < body >
10   < form >< input type = "button" value = "增加文本" id = "but"></form >
11 </body ></html >
```

第 6 行代码用来创建一个 input 节点，并将其动态添加到 form 尾部。

5.3.4 删除元素/内容

jQuery 使用 remove()和 empty()方法删除网页元素和网页内容。

- remove()：删除被选元素及其子元素。
- empty()：从被选元素中删除子元素。

【例 5.16】 remove()删除元素实例。

```
1 < html >< head >
2    < meta charset = "utf - 8">
3    < script type = "text/javascript" src = "jquery - 3.3.1.js"></script >
4    < script type = "text/javascript">
5        $ (document).ready(function(){
6            $ ("#but").click(function(){
7                $ ("p").remove();});
8        })
9    </script ></head >
10 < body >
11     < p style = "height:200px;width:200px;border:1px solid black;">
12         < span >段落中文字</span >
```

```
13        </p>
14        <form><input type="button" value="删除元素" id="but"></form>
15 </body></html>
```

第 7 行代码用来删除<p>标记及其中的<span>标记。

【例 5.17】 empty()删除元素实例。

```
1  <html><head>
2      <meta charset="utf-8">
3      <script type="text/javascript" src="jquery-3.3.1.js"></script>
4      <script type="text/javascript">
5          $(document).ready(function(){
6              $("#but").click(function(){
7                  $("p").empty();});
8          })
9      </script></head>
10 <body>
11     <p style="height:200px;width:200px;border:1px solid black;">
12         <span>段落中文字</span>
13     </p>
14     <form><input type="button" value="删除元素" id="but"></form>
15 </body></html>
```

第 7 行代码用来删除<p>标记中嵌套的标记(<span>标记),保留<p>标记。

5.3.5 操作 CSS

操作 CSS

jQuery 通过以下 4 种方法对 CSS 样式进行操作：

- addClass()：向被选元素添加一个或多个 CSS 类。
- removeClass()：从被选元素删除一个或多个类。
- toggleClass()：对被选元素进行添加、删除类的切换操作。
- css()：设置或返回样式属性。

【例 5.18】 addClass()方法和 toggleClass()方法应用。

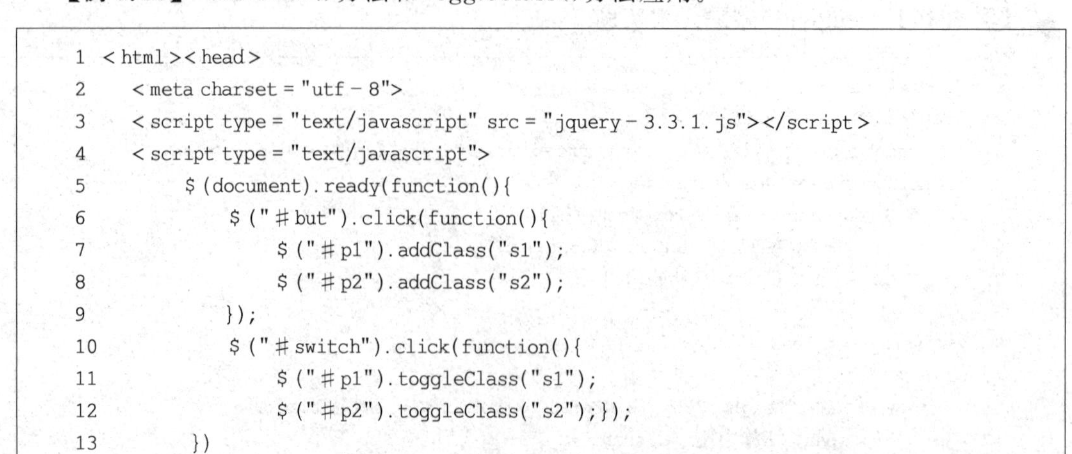

```
1  <html><head>
2      <meta charset="utf-8">
3      <script type="text/javascript" src="jquery-3.3.1.js"></script>
4      <script type="text/javascript">
5          $(document).ready(function(){
6              $("#but").click(function(){
7                  $("#p1").addClass("s1");
8                  $("#p2").addClass("s2");
9              });
10             $("#switch").click(function(){
11                 $("#p1").toggleClass("s1");
12                 $("#p2").toggleClass("s2");});
13         })
```

```
14    </script>
15    <style type="text/css">
16      .s1{
17          color:red; }
18      .s2{
19          color:blue; }
20     </style>
21   </head>
22   <body>
23        <p id="p1">第一段段落文字</p>
24        <p id="p2">第二段落文字</p>
25        <form>
26            <input type="button" value="为元素添加类" id="but">
27            <input type="button" value="切换 CSS 类" id="switch">
28        </form></body></html>
```

第6行代码表示当单击“为元素添加类”按钮时执行匿名函数。第7和第8行代码为p1、p2段落动态添加s1、s2样式。第10行代码定义单击“切换CSS类”按钮的事件。第11和第12行代码为p1、p2段落添加/删除s1、s2样式，并动态地在添加和删除状态之间切换。

浏览器中运行效果，如图5.7所示。在页面中单击“为元素添加类”按钮，会将内嵌的CSS样式中定义的s1选择器样式应用在p1段落文字上，s2样式应用在p2文字上。单击“切换CSS类”按钮，会在添加和删除样式之间切换操作。

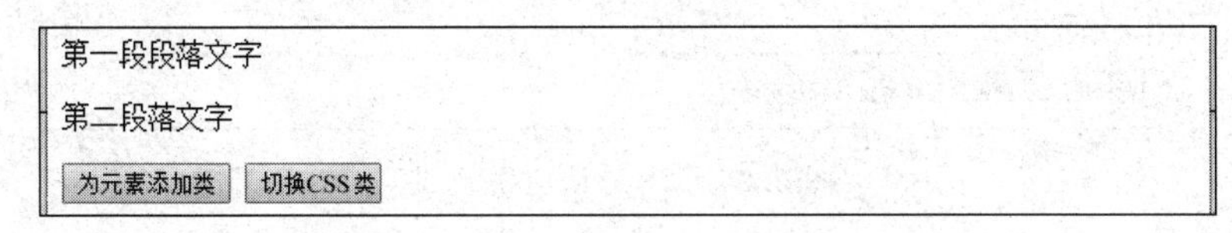

图5.7　CSS对网页样式设置截图

5.3.6　css()方法

css()方法可以设置、获取被选元素的一个或多个样式属性。

【例5.19】　css()方法的应用实例。

```
1 <html><head>
2    <meta charset="utf-8">
3    <script type="text/javascript" src="jquery-3.3.1.js"></script>
4    <script type="text/javascript">
5       $(document).ready(function(){
6              $("#b1").click(function(){
7              alert("第一段文字颜色是" + $("#p1").css("color"));
8              });
9              $("#b2").click(function(){
10             alert("第一段文字颜色是" + $("#p2").css("color"));
11             });     })
```

```
12     </script>
13     <style type="text/css">
14       .s1{color:red; }
15       .s2{color:blue;}
16     </style>
17   </head><body>
18     <p id="p1" class="s1">第一段段落文字</p>
19     <p id="p2" class="s2">第二段落文字</p>
20     <form>
21         <input type="button" value="显示第一段文字颜色" id="b1">
22         <input type="button" value="显示第二段文字颜色" id="b2">
23     </form></body></html>
```

第 6 行代码定义 b1 按钮单击后执行的事件。第 7 行代码定义在消息框中显示 p1 段落的 color 属性。第 9 行定义 b2 按钮的单击事件。第 10 行代码用来在消息框中显示 p2 段落的 color 属性。

浏览器中运行效果如图 5.8 所示。

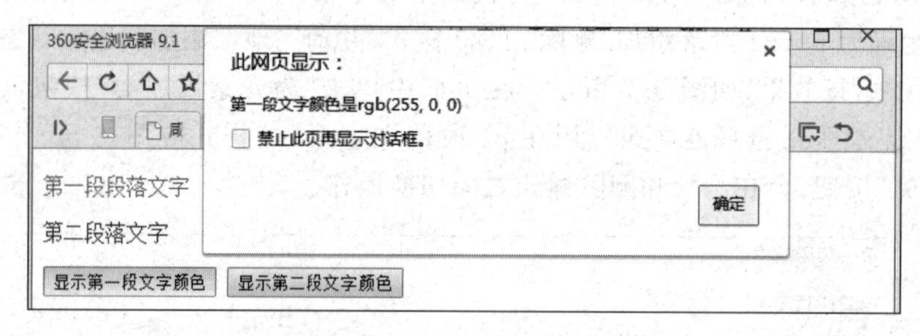

图 5.8　CSS 方法应用截图

5.3.7　处理 DOM 元素尺寸

通过 jQuery,可以轻松处理元素和浏览器窗口的宽度和高度。jQuery 提供设置尺寸的方法有 6 种。

(1) width()：设置或返回元素的宽度,不包括内边距、边框或外边距。

(2) height()：设置或返回元素的高度,不包括内边距、边框或外边距。

(3) innerWidth()：返回元素的宽度,包括内边距。

(4) innerHeight()：返回元素的高度,包括内边距。

(5) outerWidth()：返回元素的宽度,包括内边距和边框。

(6) outerHeight()：返回元素的高度,包括内边距和边框。

【例 5.20】 尺寸设置应用实例。

```
1  <html><head>
2    <meta charset="utf-8">
3    <script type="text/javascript" src="jquery-3.3.1.js"></script>
4    <script type="text/javascript">
5      $(document).ready(function(){
```

```
6            $("#b1").click(function(){
7                var txt = "宽度是:" + $("div").width() + "高度是:" + $("div").height();
8                 $("div").html(txt); });
9            $("#b2").click(function(){
10               var txt = "包含内边距和边框的宽度是:" + $("div").outerWidth()";
11                $("div").html(txt); });
12           })
13   </script>
14   <style type = "text/css">
15       div{
16            width:200px;
17       height: 150px;
18            border: 1px solid black;
19            }
20   </style></head>
21   <body>
22       <div></div>
23       <form> <input type = "button" value = "显示 div 的大小" id = "b1"/> <input type =
     "button"value = "显示 div 的大小包括内边距和边框"id = "b2"/> </form>
24  </body></html>
```

第 7 行代码获取<div>元素的宽度和高度。第 8 行代码将宽度高度等信息写到<div>中。第 10 行代码获取<div>元素的宽度,包括内边距和边框。

浏览器中运行效果如图 5.9 所示。

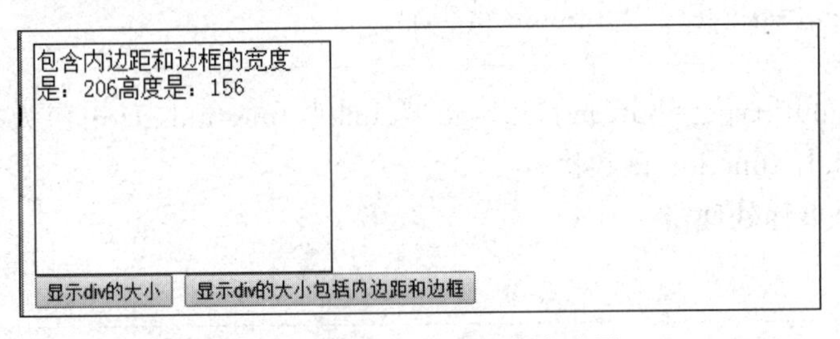

图 5.9　获取 DOM 元素大小图

5.4　常见事件方法

常见事件方法

事件方法将会触发元素的某个事件,执行一定的操作。jQuery 常见的事件方法如下:

(1) ready():定义 HTML 文档就绪事件。

语法:

```
$(document).ready(function(){…});
```

(2) load():当 HTML 元素载入时触发的事件。

语法:

```
$("selector").load(function(){…});
```

例如,$("img").load(function(){…})表示图片载入之后触发函数的执行。

(3) click():将函数绑定到指定元素的单击事件。

语法:

```
$("selector").click(function(){…});
```

例如,$("input[type=button]").click(function(){…})表示当单击 button 时触发 function 执行。

(4) dblclick():定义当双击指定元素时触发的事件。

语法:

```
$(" selector ").dblclick(function(){…});
```

例如:$("input[type=button]").dblclick(function(){…})表示当双击 button 时触发 function 事件。

(5) bind():向匹配元素附加一个或更多事件处理器。

1. 添加事件处理器

语法:

```
$("selector").bind("click",function(){…});
```

例如,$("input[type=button]").bind("click",function(){…})为按钮 button 绑定单击事件,当单击时 function 函数执行。

2. 添加多个事件处理器

语法:

```
$("selector").bind({
    click:function(){…},
    mouseover:function(){…},
    mouseout:function(){…}  });
```

例如:

```
$("img").bind({
    mouseover:function(){alert("mouseover ")},
    mouseout:function(){alert("mouseout ")} });
```

表示在 img(图像元素)上绑定了两个事件,分别是鼠标 over(悬停)事件和鼠标 out(移出)事件,当事件触发时执行相应的 function。

(1) blur():指定元素的失去焦点事件。

语法:

```
$("selector").blur(function(){…});
```

例如，$("input").blur(function(){…})表示当 input 元素失去焦点时触发 function 函数执行。

(2) focus()：指定元素获取焦点事件发生时执行某个函数。

语法：

```
$("input").focus(function(){…});
```

例如，$("input[type=text]").focus(function(){…})表示当文本框获得焦点时触发 function 函数执行。

(3) change()：指定元素的值发生变化时执行某个函数。

语法：

```
$(selector).change(function(){…});
```

例如：

```
$("input[type = text]").change(function(){
$(this).css("background - color","blue"); });
```

表示当改变文本框输入值时修改文本框背景色。

(4) keydown()：当在某个元素中按下按键时执行的操作。

语法：

```
$(selector).keydown(function(){…});
```

例如：

```
$("input").keydown(function(){
$("input").css("background - color","yellow"); });
```

表示当在< input >元素中按下键盘按键时将< input >元素的背景色设置为黄色。

(5) keypress()：在某个元素上按下并松开键盘键时执行的函数，其中包含 keydown 和 keyup 两个事件。

语法：

```
$(selector).keypress (function(){…});
```

例如：

```
$("input").keypress(function(){ … });
```

(6) keyup()：在某个元素上松开键盘键时执行的函数。

语法：

```
$ (selector). keyup (function(){…});
```

例如，

```
$ ("input"). keyup (function(){ … });
```

(7) mousedown()：在某个元素上按下鼠标时执行的函数。

语法：

```
$ (selector). mousedown (function(){…});
```

例如：

```
$ ("div"). mousedown (function(){
$ ("div").css("color","yellow");});
```

表示在< div >元素上按下鼠标时改变< div >元素文字颜色。

(8) mouseout()：定义当鼠标从指定元素上移开时触发的函数。

语法：

```
$ (selector). mouseout (function(){…});
```

例如：

```
$ ("div").mouseout(function(){
$ ("div").css("color","yellow");});
```

表示当从< div >元素上移开鼠标时改变< div >元素文字颜色。

(9) mouseover()：定义当鼠标悬停在指定元素上时触发的函数。

语法：

```
$ (selector). mouseover (function(){…});
```

例如：

```
$ ("div").mouseover(function(){
$ ("div").css("color","yellow");});
```

表示当鼠标悬停在< div >上时< div >的文字颜色变为黄色。

(10) event. pageX：返回相对于文档左边缘的鼠标位置。

语法：

```
event.pageX;
```

例如：

```
$(document).mousemove(function(e){
alert("X: " + e.pageX + ", Y: " + e.pageY);});
```

表示当鼠标在网页中移动时(mousemove)，在对话框中显示鼠标所在位置的X坐标和Y坐标值。

(11) event.pageY：返回相对于文档上边缘的鼠标位置。

语法：

```
event.pageY;
```

(12) event.target：触发该事件的DOM元素。

语法：

```
event.target;
```

例如：

```
$("p h1").click(function(event){
alert(event.target.nodeName + " element.");});
```

当单击网页中的p(段落)或h1(标题1)文字时，弹出消息框，提示触发click事件的事件源。

(13) event.type：描述事件的类型。

语法：

```
event.type;
```

例如：

```
$("p h1").click(function(event){
alert(event.type );});
```

当单击网页中的p(段落)或h1(标题1)文字时，弹出消息框，提示触发的事件类型(click)。

【例5.21】 常见事件方法应用实例。

```
1 <html><head>
2     <meta charset="utf-8">
3     <script type="text/javascript" src="jquery-3.3.1.js"></script>
4     <script type="text/javascript">
```

```
5        $(document).ready(function(){
6             $("img").bind({
7                "mouseover":function(){
8                          $("img").attr("src","images/viewo.jpg");},
9                "mouseout":function(){
10                         $("img").attr("src","images/view.jpg");}
12               });
13          })
14      </script></head><body>
15       <img src="images/view.jpg">
16      </body></html>
```

第 6 行代码为<img>图像元素绑定事件；第 8 行代码定义鼠标悬停在图像上，图片切换为 viewo.jpg；第 10 行代码定义当鼠标移出图像区域切换为原始图像。

浏览器中当鼠标进入图像区域，图片变换；鼠标移出图像区域，图片恢复。

5.5 jQuery+AJAX

jQuery+AJAX

AJAX 表示异步 JavaScript 和 XML(Asynchronous JavaScript and XML)。在不重载整个网页的情况下，AJAX 通过后台加载数据，并在网页上显示数据。AJAX 技术使用 HTTP Get 和 HTTP Post 方法从远程服务器上请求文本、HTML、XML 或 JSON 数据，同时能够把这些外部数据直接载入网页。

jQuery 提供 ajax()方法来通过 HTTP 请求加载远程数据。

语法：

```
$.ajax(url: "url",async:false, data, success);
```

说明：

- url 表示发送请求的地址。
- async 表示是否为异步请求，默认值为 true，即异步请求；如果设置为 false 则表示同步请求。
- data 表示发送到服务器的数据，要求为 Object 或 String 类型的参数，若是对象，必须为 key/value 格式，如{name: "zhangsan",age: 21}发送给后台被转换为 & name = zhangsan & age =21。
- success 为匿名函数，表示请求成功后调用的回调函数。它有两个可以缺省的参数，data 表示由服务器返回根据 dataType 参数处理后的数据(类型可能是 xmlDoc、jsonObj、html、text 等)，textStatus 是描述状态的字符串。

```
function(data, textStatus){
…        }
```

$.ajax()函数返回 XMLHttpRequest 对象。该对象具有 responseText 和 responseXML 属性,responseText 表示响应的字符串形式文本信息,responseXML 表示获得 XML 形式的响应数据。

【例 5.22】 ajax()方法加载文本文件。

```
1 <html><head>
2    <script type="text/javascript" src="jquery-3.3.1.js"></script>
3    <script type="text/javascript">
4        $(document).ready(function(){
5            $("#change").click(function(){
6                htmlobj=$.ajax({url:"txt/demo.txt",async:false});
7                $("#mdiv").html(htmlobj.responseText);
8            });
9        });
10 </script>  </head>
11 <body>
12     <div id="mdiv">
13         <h2>原始文本</h2>
14     </div>
15     <form onsubmit="return false">
16         <button id="change" type="button">改变内容</button>
17     </form></body></html>
```

程序中第 6 行代码用来调用 ajax()方法,发送同步请求,加载远程数据 demo.txt。第 7 行代码是在 div 中显示文本文件中的数据。

在浏览器中运行效果如图 5.10 所示。单击"改变内容"按钮之后,div 中的文本改变为"通过 AJAX 改变文本"。

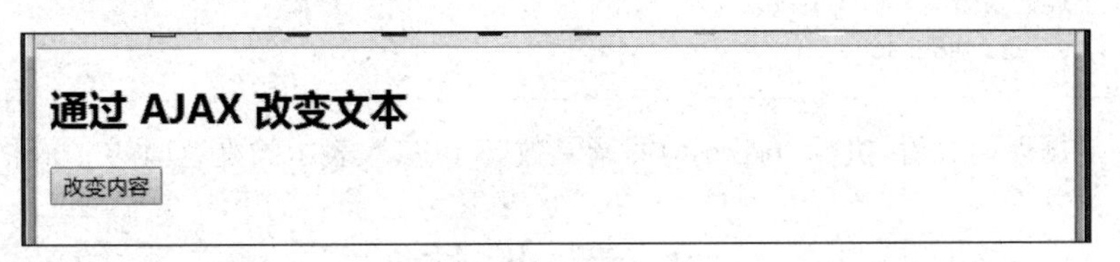

图 5.10　ajax()方法加载文本文件截图

【例 5.23】 ajax()方法加载 json 文件。

创建一个 myjson.json 文件,其中输入如下数据:

```
{
    "school":"Xianyang Normal University",
    "address":"Shannxi"
}
```

json 文件的创建方法:新建一个文本文件,在保存时设置保存类型为所有文件,输入文件名,注意扩展名为 json。json 文件中的数据以 key:value 的形式表示。

HTML 文件代码如下:

```
1 <html>  <head>
2   <meta charset="utf-8">
3   <script type="text/javascript" src="jquery-3.3.1.js"></script>
4   <script type="text/javascript">
5       $(document).ready(function(){
6           $("#change").click(function(){
7                       htmlobj = $.ajax({url:"myjson.json",async:false});
8                       var json = JSON.parse(htmlobj.responseText);
9                       $("#mdiv").html(json.school + json.address);
10              });
11          });
12   </script></head>
13   <body>
14       <div id="mdiv">
15           <h2>原始文本</h2>
16       </div>
17       <form onsubmit="return false">
18           <button id="change" type="button">加载 json 中数据</button>
19       </form>
20   </body></html>
```

程序中第 6 行代码定义 change 按钮单击事件。第 7 行代码调用 ajax()方法，发送同步请求，加载远程数据 myjson.json。第 8 行代码通过 JSON.parse()方法解析 json 数据。第 9 行代码用来在 div 中显示返回 json 中 school 和 address 的值。

在 ajax()方法中可以增加 success 参数，表示请求成功后的回调函数。

核心代码如下：

```
$.ajax({url:"txt/myjson.json",async:false,success:function(data){
        var json = JSON.parse(data);
        alert(json.school);          }});
```

当 json 数据返回之后，执行 success()回调函数，data 参数表示的是返回的 json 格式的数据。

本章小结

jQuery 是一个轻量级的 JavaScript 库，可以帮助用户快速地创建脚本，而且 jQuery 是跨浏览器的。通过 jQuery 的 API 方法可以轻松地获取网页中的元素，同时设置网页元素的外观属性，更改网页中的内容，捕捉网页中的事件并且对事件进行响应，实现淡入淡出、擦除等的动画效果，与 AJAX 进行交互。由于具有这些特点，jQuery 的应用已经越来越广泛。

课后习题

(1) 选择表单中所有<input>元素的方法是________。

(2) 描述 jQuery 时，使用________方法获取和设置 CSS 属性。

(3) 在 jQuery 中，使用________方法可以切换 HTML 元素的显示和隐藏状态。

第6章 HTML5

6.1 HTML5 基础知识

6.1.1 简介

HTML 规范由 W3C 机构(World Wide Web Consortium,万维网联盟)制定。W3C 制定了严格的 HTML 语法规范,但是 HTML 开发者没有严格遵循规范,而浏览器对不符合规范的解释也不相同,造成了同样的网页在不同的浏览器中显示效果不相同。为了适应不同 HTML 开发者的开发习惯,需要一种对语义规范要求很少的语法。几大浏览器厂商成立了 WHATWG(Web Hypertext Application Technology Working Group)机构并制定了 HTML5。HTML5 语法十分宽松,没有要求开发人员必须遵循的语法规范。2014 年 10 月,W3C 正式发布了 HTML5 标准。HTML5 是一种规范向现实的妥协。

HTML5 是现在流行的一种 Web 开发语言,因为它对语法规范要求比较少,简化了 HTML 页面的开发,针对文档结构提供明确的语义元素,使文档更加清晰。HTML5 针对不同的浏览器都具有一定的兼容性,对于不支持 HTML5 的浏览器,如 IE6、IE7、IE8 均可以通过增加 Script 脚本来实现兼容特性。

6.1.2 HTML5 语法

1. DOCTYPE 声明

HTML5 中文档声明使用简化的写法:

```
<!DOCTYPE html>
```

这种文档类型声明适合所有的 HTML 版本。

2. 字符集定义

在 HTML5 中字符集直接通过 meta 标记的 charset 属性定义,如

```
<meta charset = "utf-8">
```

HTML5 之前的版本,字符集定义方法:

```
<meta http-equiv = "content-type" content = "text/html;charset = utf-8">
```

3. 标签和属性书写

HTML5 中标签和属性不区分大小写，属性的值可以省略引号，部分 HTML 元素可以省略结束标记(如<li><tr><td><p>等元素)，部分元素可以同时省略开始和结束标记(如<head><body>)。

4. 新增文档结构标记元素

<article>标记表示文章的主体内容，一般用于表示文本信息集中显示的区域。

<header>标记表示页面主体的头部。

<article>标记表示独立的文章内容。

<nav>标记表示菜单导航或链接导航。

<footer>标记表示页面底部信息。

5. 新增级块性标记元素

<section>标记表示区域的章节描述。

<aside>标记表示侧栏、贴士等作为主体补充的内容。

<figure>标记表示对多个元素进行组合展示，经常与 figcaption 一起使用。

<code>标记表示一段代码块。

<dialog>标记表示一组对话，其中包括 dt 和 dd 组合元素，dt 表示说话者，dd 表示说话者说的内容。

6. 新增行内语义型标记元素

<time>标记表示日期或时间值。

语法：

```
<time></time>
```

<video>标记表示视频元素，支持视频文件的直接播放。

例如：

```
<video src="movie.mp4" controls="controls"> video </video>
```

<audio>标记表示音频元素，支持音频文件的直接播放。

例如：

```
<audio src="music.mp3"> audio </audio>
```

6.2 HTML5 文档结构

HTML5 文档结构标记

6.2.1 文档结构标记

为了使网页结构更加清晰，HTML5 中新增了表示网页内容、版尾等区域的文档结构标记。

1. <article>标记

<article>表示网页中独立的、可以被外部引用的内容,可以是一篇文章、一段用户评论等。一个<article>可以有自己的标题,标题一般放置在一个<header>标记中,也可以有自己的脚注<footer>。

下面的例子演示了如何使用<article>标记设计新闻内容展示,效果如图 6.1 所示。

萌货回归!《乐高大电影2》曝角色海报
2018-04-02 22:15:10
《乐高大电影2》时间设在第 1 集之后的 5 年,原本兴盛繁荣的Bricksburg搞得像废墟一样,外星人卷土重来将一堆人绑架走,克里斯·帕拉特配音的超级乐观男主角艾米特发起救援行动。过程中巧遇另一个也是由帕帕配音的角色Rex Dangervest,身份和个性就是帕帕在《侏罗纪世界》中的恐龙训练师角色,两人居然一见如故,立马成为好兄弟。
Chris Pratt
EMMET
THE LEGO MOVIE
COMING SOON

图 6.1 <article>标记应用效果

【例 6.1】 <article>标记应用。

```
1 <! DOCTYPE html >
2 < html >< head >
3       < title >萌货回归!《乐高大电影 2》曝角色海报</title >
4       < meta http - equiv = "content - type" content = "text/html;charset = utf - 8">
5    </head >
6    < body >
7          < article >
8               < header >
9                    < h1 >萌货回归!«乐高大电影 2»曝角色海报</h1 >
10                   < time pubdate = "pubdate"> 2018 - 04 - 02 22:15:10 </time >
11              </header >
12              < p >
13                   《乐高大电影 2》时间设在第 1 集之后的 5 年,原本兴盛繁荣的 Bricksburg 搞得
像废墟一样,外星人卷土重来将一堆人绑架走,克里斯·帕拉特配音的超级乐观男主角艾米特发起
救援行动.过程中巧遇另一个也是由帕帕配音的角色 Rex Dangervest,身份和个性就是帕帕在«侏罗
纪世界»中的恐龙训练师角色,两人居然一见如故,立马成为好兄弟.
17              </p >
18              < img src = "image/lego.jpg" width = "200px">
19                   < footer >
20                        < p >作者:aerosmith520   编辑:aerosmith </p >
21                   </footer >  </article >
22   </body ></html >
```

在<article>标记中定义新闻标题<header>标记、新闻正文以及新闻尾部<footer>标记。

2. <section>标记

<section>标记用来区分网页中的内容,类似对文章进行分段。一个<section>标记通常由内容及其标题组成。与<article>标记的区别,<article>标记是独立的内容,<section>中的内容更强调相关性。在使用时,不要为没有标题标记的内容区块使用<section>标记。

下面的例子中演示了如何使用 section 标记设计新闻内容展示,效果如图 6.2 所示。

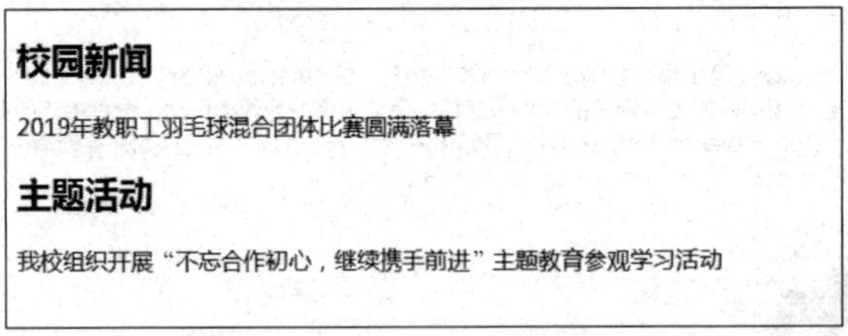

校园新闻

2019年教职工羽毛球混合团体比赛圆满落幕

主题活动

我校组织开展“不忘合作初心，继续携手前进”主题教育参观学习活动

图 6.2 <section>标记应用效果

【例 6.2】 <section>标记应用。

```
1  <!DOCTYPE html>
2  <html><head>
3      <title>咸师院快讯</title>
4      <meta charset = "utf - 8">
5    </head>
6    <body>
7      <section>
8        <h2>校园新闻</h2>
9        <p>
10         2019 年教职工羽毛球混合团体比赛圆满落幕
11       </p>
12       </section>
13       <section>
14         <h2>主题活动</h2>
15         我校组织开展"不忘合作初心,继续携手前进"主题教育参观学习活动
16       </section>
17   </body></html>
```

网页中有两个<section>分区,每个分区中包括标题(<h2>)和正文(<p>)。

3. <nav>标记

<nav>标记可以用作网页导航。只要是导航性质的链接,就可以放在<nav>标记中。<nav>标记可以在一个文档中出现多次。

【例 6.3】 <nav>标记应用。

```
1  <!DOCTYPE html>
2  <html><head>
3              <title>热点</title>
4              <meta http - equiv = "content - type" content = "text/html;charset = utf - 8">
```

```
5        </head>
6        <body>
7                <nav>
8                        <a href="zw.html">政务</a>
9                        <a href="cy.html">创业</a>
10                       <a href="gy.html">公益</a>
11                       <a href="ly.html">旅游</a>
12               </nav>
13       </body></html>
```

程序中第7～12行定义了网页导航，导航条中包括4个项目。浏览器窗口中的运行效果如图6.3所示。

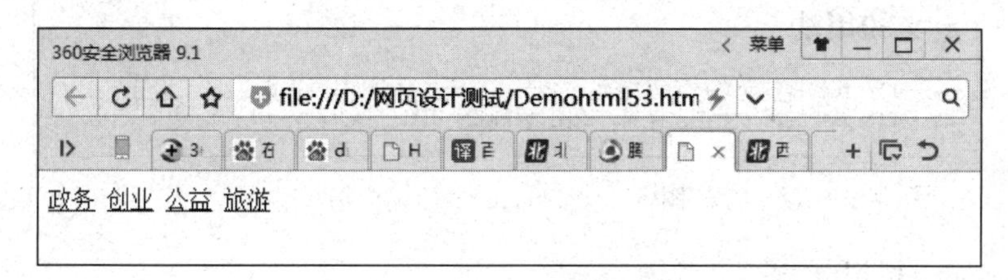

图6.3 <nav>标记应用效果

4. <aside>标记

<aside>标记表示当前网页的辅助内容，可以是广告、导航条、侧边栏等。

<aside>元素可以包含在<article>元素中，表示与当前文章相关的参考资料，也可以在<article>元素之外使用，作为侧边栏。在<aside>中可以嵌套<nav>元素。

6.2.2 语义模块

1. <header>标记

头部标记用来表示页面头部区块，通常可以将头部标题、Logo等信息放置在<header>中。头部标记可以出现在<article>标记中，在网页中可以多次使用。

【例6.4】 <header>标记应用。

```
1 <!DOCTYPE html>
2 <html><head>
3         <title>热点</title>
4         <meta http-equiv="content-type" content="text/html;charset=utf-8">
5    </head>
6    <body>
7         <header>
8              <h1>HTML 5 全局 draggable 属性</h1>
9         </header>
10        <article>
11             <header>
12                  <h1>定义和用法</h1>
```

```
13            </header>
14            <p>
15                draggable 属性规定元素是否可拖曳.提示:链接和图像默认
16                是可拖曳的.提示:draggable 属性经常用于拖曳操作.
17            </p>
18        </article>
19    </body></html>
```

浏览器窗口中的运行效果如图 6.4 所示。

HTML 5 全局 draggable 属性

定义和用法

draggable 属性规定元素是否可拖动。 提示：链接和图像默认是可拖曳的。 提示：
draggable 属性经常用于拖曳操作。请阅读我们的 HTML5 拖曳教程，以学习更多知识。

图 6.4 <header>标记应用

2. <hgroup>标记

使用<hgroup>标记可以为标题或子标题分组，通常与 h1～h6 配合使用。如果文章只有一个主标题，则不需要使用<hgroup>。

【例 6.5】 <hgroup>标记应用。

```
1  <!DOCTYPE html>
2  <html><head>
3          <title>热点</title>
4          <meta http-equiv="content-type" content="text/html;charset=utf-8">
5     </head>
6     <body>
7          <article>
8              <header>
9                  <hgroup>
10                     <h1>
11                     白河县县长:8 月底前白河水电站跨江大桥通车
12                     </h1>
13                     <h3>
14                     安康新闻网<time>2018-04-03 10:53</time>
15                     </h3>
16                 </hgroup>
17             </header>
18             <p>白河县县长走进《追赶超越靠落实 幸福安康靠奋斗——市政府 2018 年重点工
19             作任务公开承诺》新闻访谈演播室,就白河县政府 2018 年重点工作事项做公开承诺.</p>
20           </article>
21    </body></html>
```

<hgroup>的显示效果如图 6.5 所示。

白河县县长：8月底前白河水电站跨江大桥通车

安康新闻网2018-04-03 10:53

白河县县长走进《追赶超越靠落实 幸福安康靠奋斗——市政府2018年重点工19 作任务公开承诺》新闻访谈演播室，就白河县政府2018年重点工作事项做公开承诺。

图 6.5　hgroup 应用

3. <footer>脚注

<footer>中可添加版权、相关链接等信息。页面中可多次使用<footer>元素。<footer>标记可嵌套在<article><section>等标记中。

4. <address>标记

<address>标记用来在网页中添加联系信息，如用户联系电话、电子邮箱、联系地址等信息。

6.3　HTML5 表单

HTML5 新增的表单类型

6.3.1　HTML5 新增的 input 表单类型

HTML5 新增的表单类型包括电子邮件类型、url 类型等，具体类型如表 6.1 所示。

表 6.1　HTML5 新增 input 表单类型

编号	类型名称	描　述	显示效果
1	email	E-mail 输入框	请输入email信息
2	tel	电话号码输入框	
3	url	URL 地址输入框	
4	number	数值输入文本框	5
5	range	以滑块的方式设置数值	
6	search	搜索文本框	a
7	color	颜色选择器	
8	month	月份选择器	2018年一月

续表

编号	类型名称	描述	显示效果
9	time	时间选择器	00:--
10	datetime	包含时区的日期和时间选择器	2014/06/04 04:56 2014年06月 周日 周一 周二 周三 周四 周五 周六 1 2 3 4 5 6 7 8 9 10 11 12 13 14 15 16 17 18 19 20 21 22 23 24 25 26 27 28 29 30 1 2 3 4 5
11	datetime-local	不包含时区的日期和时间选择器	年 /月/日 --:--
12	date	日期选择器	年 /月/日
13	week	星期选择器	2018 年第 -- 周

新增的表单类型介绍如下。

1. email 类型

语法：

```
<input type="email" required/>
```

说明：required 属性要求在当前表单项中必须输入数据。对于 email 类型，提交时如果文本框中内容不是 E-mail 地址格式，则不允许提交，但并不检查 E-mail 地址是否存在。

email 类型的文本框具有一个 mutiple 可选属性，它允许用户在该文本框中输入一串以逗号分隔的 E-mail 地址。

【例 6.6】 email 类型应用。

```
1 <body><form>
2         电子邮件<input type="email" name="email" required/>
3         <input type="submit" value="提交">
4       </form></body>
```

2. tel 类型

语法：

```
<input type="tel" required/>
```

说明：tel 类型的<input>元素看上去和标准的文本输入框相同，但如果在移动设备上浏览页面时，虚拟键盘布局有所不同。

3. url 类型

语法：

```
<input type="url" name="url" required/>
```

说明：url类型的input文本框外观和标准的文本输入框相同，不同的是当提交时，url类型的要检查用户输入是否为有效的URL地址。如果是无效数据，无法进行提交。

【例6.7】 url类型应用。

```
1    <form>
2        url<input type="url" name="url" required>
3        <input type="submit" value="提交">
4    </form>
```

3. number类型

语法：

```
<input type="number" min="0" max="10" />
```

说明：number类型输入框为数值微调框UI控件。用户可以通过单击控件右侧的向上箭头来增加数据，单击向下的箭头来减少数据。min属性表示最小的值，max属性表示最大值。

【例6.8】 number类型应用。

```
1 <body><form>
2        数量<input type="number" name="number" min="0" max="10"/>
3        <input type="submit" value="提交">
4      </form></body>
```

4. range类型

语法：

```
<input type="range" min="0" max="10" step="1"/>
```

说明：range类型的<input>输入框以滑动条形式展示。range类型常用在选择范围的场合，如选择年龄范围、工资范围、人数范围等。其中，min属性表示最小的值，缺省值是0；max属性表示最大取值，默认值是100；step表示步长，是滑块组件滑动时value变动的最小单位，缺省值是1。如果min是浮点数，step也可以是浮点数。

【例6.9】 range类型应用。

```
1 <body><form>
2        <input type="range" id="range" name="range" min="0" max="10" step="1"/>
3        <input type="submit" value="提交">
4        </form>
5 </body>
```

如果需要查看滑块所选择的数值，可以通过JS方式读取，如document.getElementById('range').value。

5. search 类型

语法：

```
<input type="search" name="search"/>
```

说明：search 类型的<input>元素用于生成搜索域，如站点搜索或资源搜索。

【例 6.10】 search 类型应用。

```
1 <body>
2     <form>
3         搜索<input type="search" name="googlesearch"/>
4         <input type="submit" value="提交">
5     </form>
6 </body>
```

6. color 类型

语法：

```
<input type="date" required />
```

说明：color 类型主要用于选取颜色，此类型的<input>元素直接调用系统颜色选择窗口。

【例 6.11】 color 类型应用。

```
1 <body>
2     <form>
3         选取颜色<input type="color" name="color"/>
4         <input type="submit" value="提交">
5     </form>
6 </body>
```

7. date 类型

语法：

```
<input type="date" required />
```

说明：date 类型的<input>元素用来输入日期。在提交时控件对输入的日期的有效性进行检查。

【例 6.12】 date 类型应用。

```
1 <body>
2     <form>
3         日期<input type="date" name="mydate" required />
4         <input type="submit" value="提交">
5     </form>
6 </body>
```

8. week 类型

语法：

```
<input type="week"/>
```

说明：week 类型的<input>元素用来输入年和周的文本框，在提交时控制对输入周的有效性进行检查。

【例 6.13】 week 类型应用。

```
1 <body>
2     <form>
3         请选择周<input type="week" name="myweek"/>
4         <input type="submit" value="提交">
5     </form>
6 </body>
```

9. month 类型

语法：

```
<input type="month" maxlength="7" required placeholder="yyyy-mm"/>
```

说明：month 类型的<input>元素用来输入月份，在提交时控件对输入月份的有效性进行检查。

maxlength 属性设置输入数字的位数，placeholder 属性设置输入提示信息。

【例 6.14】 month 类型应用。

```
1 <body>
2     <form>
3         月份<input type="month" name="mymonth" maxlength="7" required 4placeholder=
  "yyyy-mm"/>
5         <input type="submit" value="提交">
6     </form>
7 </body>
```

10. time 类型

语法：

```
<input type="time" value="sometime">
```

说明：time 类型的 input 元素用来输入时间，并且在提交时对输入时间的有效性进行检查。value 属性可以设置默认显示的时间。

【例 6.15】 time 类型应用。

```
1 <body>
2     <form>
3         请选择时间<input type="time" value="10:00"/>
```

```
4         <input type="submit" value="提交">
5     </form>
6 </body>
```

11. datetime 类型

语法：

```
<input type="datetime"/>
```

说明：datetime 类型 input 元素是显示日期和时间的组件。它是 date 类型和 time 类型的组合。很多浏览器不支持这种输入类型，不支持时显示为普通文本框。

12. datetime-local 类型

语法：

```
<input type="datetime-local"/>
```

说明：datetime-local 类型用来显示本地时间。

【例 6.16】 datetime-local 类型应用。

```
1 <body>
2     <form>
3         请选择本地时间<input type="datetime-local"/>
4         <input type="submit" value="提交">
5     </form>
6 </body>
```

HTML5 新增的表单属性

6.3.2 HTML5 新增的表单属性

HTML5 新增的表单属性如表 6.2 所示。

表 6.2 HTML5 新增的表单属性表

编号	属性名称	描述
1	required	设置表单元素中输入内容不能为空
2	placeholder	设置输入提示信息
3	pattern	设置验证属性
4	autofocus	设置元素自动获取焦点
5	formaction	为表单控件设置提交的处理程序
6	form	建立表单元素与表单的隶属关系

新增的表单属性如下。

1. required 属性

在 HTML5 之前，如果验证表单元素的值是否为空，需要通过 JavaScript 脚本进行判断。在 HTML5 中，可以通过 required 属性设置输入内容不为空。目前，IE、Firefox、Opera

和 Chrome 浏览器都支持此属性。

2. placeholder 属性

placeholder 属性用来在文本框中显示提示信息，当用户在文本框中输入数据时，提示信息自动消失。

3. pattern 属性

pattern 属性可以用在文本框、密码框、电话号码、电子邮件等表单控件中，用来验证输入的数据格式是否合法，该属性的值是一个正则表达式。正则表达式是使用单个字符串描述、匹配一系列符合某个句法规则的字符串搜索模式。

正则表达式模式如下。

1）方括号用于查找某个范围内的字符

[abc]：查找方括号中的任何字符。

[0-9]：查找 0～9 的数字。

(x|y)：查找任何以"|"分隔的选项。

2）元字符(有特殊含义的字符)

^：输入的开始。

$：输入的结束。

\d：查找数字，等价于[0-9]。

\D：匹配非数字字符，等价于[^0-9]。

\s：查找空白字符，包括空格、制表符、换页符和换行符。

\w：匹配单字字符(字母、数字或下画线)，等价于[A-Za～z0-9_]。

\W：匹配非单字字符。等价于[^A-Za～z0-9_]。

3）量词表示字符出现的次数

n+：匹配任何包含至少一个 n 的字符串。

n*：匹配任何包含零个或多个 n 的字符串。

n?：匹配任何包含零个或一个 n 的字符串。

常见正则表达式示例如下。

- 8 位数字的正则表达式：pattern="\d{8}"。
- 手机号码的正则表达式：pattern="^((1[3,5,8][0-9])|(14[5,7])|(17[0,6,7,8])|(19[7]))\d{8}$"。
- 电子邮件地址的正则表达式：pattern="\w+([-+.]\w+)*@\w+([-.]\w+)*\.\w+([-.]\w+)*"。

4. autofocus 属性

HTML5 中所有 input 表单元素都具有 autofocus 属性。当为元素设置了 autofocus 属性，元素将自动获得焦点。

5. formaction 属性

在实际项目开发中，经常会出现在一个表单中出现多个按钮，如添加、删除、单击不同的按钮提交给不同的应用程序处理。可以通过在按钮上应用 formation 属性实现这种功能。

例如：

```
<input type="submit" formation="check.jsp"/>
```

6. form 属性

form 属性用来定义表单域和表单元素之间的隶属关系。

【例 6.17】 form 属性的应用。

```
1  <!DOCTYPE html>
2  <html><head>
3     <meta charset="utf-8">
4  </head>
5  <body>
6     <form name="myform"></form>
7     <input type="text" name="username" form="myform">
8  </body></html>
```

程序中第 7 行的 username 文本框没有定义在 form 表单域中，但是可通过 form 属性指定隶属的表单域，myform 表单提交时可以将 username 一并提交。在表单开发中，使用了 form 属性可以灵活放置表单元素、布局网页。

HTML5 新增的表单标记

6.3.3 HTML5 新增的表单标记

HTML 新增的表单标记如表 6.3 所示。

表 6.3 HTML5 中新增的表单标记

编　　号	元素名称	描　　述	显示效果
1	<datalist>	辅助文本框输入	计算 ▼ 计算机学院
2	<output>	显示表单元素的内容	range 65
3	<progress>	显示进度条	
4	<details>	创建可折叠内容标记	▶ heading
5	<summary>	与 details 配合使用，表示具体内容	▼ heading the content...

新增的表单标记介绍如下。

1. <datalist>标记

<datalist>标记定义文本框的选项列表。此列表是通过 datalist 内的 option 元素创

建的。

如果要把< datalist >绑定到文本框,用文本框的 list 属性引用 datalist 的 id 即可。

【例 6.18】 < datalist >标记应用实例。为了节省篇幅,例中省略了< html >< head >等标记。

```
1 < body >
2    < form name = "myform">
3        姓名: < input type = "text" list = "name_list" name = "username" />
4        < datalist id = "name_list">
5            < option label = "王一丹" value = "wangyidan" />
6            < option label = "冯毅澜" value = "fengyilan" />
7            < option label = "马文军" value = "mawenjun" />
8        </datalist >
9    </form ></body >
```

浏览器窗口中显示效果如图 6.6 所示。

2. < output >标记

< output >标记用来显示表单元素的内容或执行结果。

< output >标记的常用属性如下。

for:定义输出字段相关的一个或多个元素。

form:定义输入字段所属的一个或多个表单。

name:定义对象的唯一名称(表单提交时使用)。

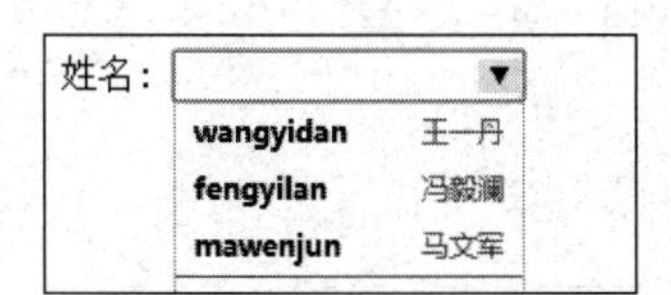

图 6.6　datalist 应用效果图

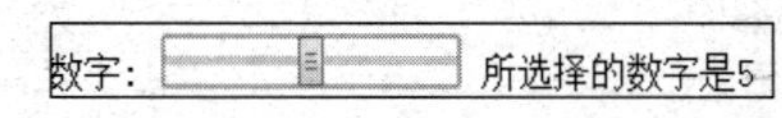

图 6.7　output 元素应用效果图

【例 6.19】 output 应用实例。

```
1 < html >< head >
2    < meta charset = "utf - 8">
3    < script type = "text/javascript">
4        window.onload = function(){
5          document.getElementById("myrange").onclick = function(){
6          document.getElementById("out").value =  document.getElementById("myrange").value; }
7        }
8    </script ></head >
9  < body >
10  < form name = "myform">
11        数字: < input type = "range" id = "myrange" min = "0" max = "10" value = "1" />
12        所选择的数字是< output id = "out"> 1 </output >
13  </form ></body ></html >
```

浏览器窗口中显示效果如图 6.7 所示。

3. progress 元素

progress 表示进度条。

基本属性：max、value、position 以及 labels。

max：设置或返回进度条的 max 属性值。若缺省，进度值范围为 0.0～1.0，如果设置成 max=100，则进度值范围为 0～100。

value：设置或返回进度条的 value 属性值。若 max=100，value=50 则进度正好一半。value 属性的存在与否决定了 progress 进度条是否具有确定性。

position：返回进度条的当前位置。

labels：返回进度条的标记列表。

4. <details>标记和<summary>标记

<details>标记可以在单击标签时显示和隐藏内容。当首次单击它时，附加信息将呈现；再次单击时内容隐藏。

在<details>中需要嵌套<summary>标签，<summary>标签以外的内容将作为附加信息隐藏。

【例 6.20】 details 和 summary 应用实例，为了节省篇幅，例中省略了<html>、<head>等标记。

```
1 <body>
2   <details>
3       <summary>快评</summary>
4       <header>
5                   <h1>【快评】让祖国大地绿起来美起来</h1>
6                   <time pubdate = "pubdate"> 2018 - 04 - 02 22:15:10 </time>
7       </header>
8   </details>
9 </body>
```

浏览器窗口中显示效果如图 6.8 所示。

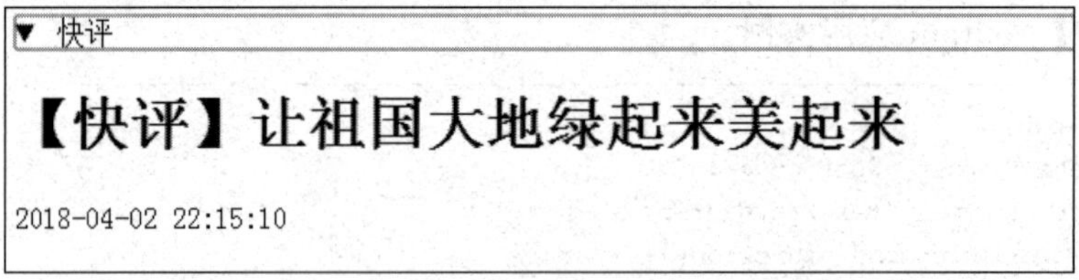

▼ 快评

【快评】让祖国大地绿起来美起来

2018-04-02 22:15:10

图 6.8 details 元素和 summary 元素应用效果图

本 章 小 结

HTML5 与 HTML4 相比，具有更多的语义性标记，如定义头部的<header>标记、定义尾部的<footer>标记、导航标记<nav>、侧边栏标记<aside>等。引入这些语义标记，可以使开发人员更加容易地管理网页，同时方便搜索引擎理解网页的结构。

HTML5 新增了很多表单类型，其中有 email、number、color、url 等类型，方便用户使用。

可以为表单元素添加必填(required)、提示信息(placeholder)、正则验证(pattern)等属性。

课后习题

(1) HTML5 文档类型和字符集是什么?

(2) HTML5 中如何嵌入音频?

(3) HTML5 中如何嵌入视频?

(4) 除了 audio 和 video,HTML5 还有哪些媒体标签?

(5) HTML5 有哪些新增的表单元素?

第7章 Dreamweaver 基础

7.1 Dreamweaver CS6 简介

Dreamweaver 因为具有强大的网页设计和编程功能，从众多的网页制作工具中脱颖而出，受到很多网页制作者的青睐。

Dreamweaver、Flash 和 Fireworks 是由 Macromedia 公司推出的一套网页设计工具，这套软件被称为“网页三剑客”。Fireworks 用来制作网页图像的软件，Flash 可以生成矢量动画，Dreamweaver 可以为素材进行集成和发布。2005 年 Macromedia 公司被 Adobe 公司收购后，“网页三剑客”经过整合成了 Dreamweaver、Photoshop 和 Flash。

Dreamweaver 也被称为梦幻工厂，具有“所见即所得”的编辑方式。在网页中可以引入行为、样式、模板等技术，所以制作网页的体验非常好。由于它具备可视化编辑功能，用户可以快速地创建页面，而不需要掌握专业的 HTML 语言。在查看站点元素和资源时，Dreamweaver 能够直接进行拖曳，操作非常直观。另外还可以直接将 Photoshop 和 Fireworks 中创建和编辑的图像导入到 Dreamweaver 中，方便资源整合。也可以在其中编辑 ASP、PHP、JSP 等动态网站，所以 Dreamweaver 在网站建设中起着不可替代的作用。

7.2 Dreamweaver CS6 工作界面

Dreamweaver
工作界面

Dreamweaver 工作区域中集合了一系列的窗口、面板和检查器。在使用 Dreamweaver 制作网页之前先要熟悉 Dreamweaver 工作区，知道如何使用检查器和面板设置用户界面。

7.2.1 界面布局

Dreamweaver CS6 工作区有代码视图、拆分视图、设计视图和实时视图。默认显示的是设计视图，这种视图对于习惯“所见即所得”开发环境的设计师来说使用非常方便。代码视图中文档窗口默认以“代码”形式显示。拆分视图将 Dreamweaver 界面分解成了两部分，一部分显示正在设计的网页源代码；另一部分显示预览界面。

1. 菜单栏

如图 7.1 所示，Dreamweaver 有 10 个菜单，菜单中包括了 Dreamweaver 的所有命令，通过菜单栏可以对对象进行设置。菜单栏按照功能的不同进行划分，方便用户使用。

图 7.1　菜单栏

2. “插入”窗口

在设计视图中，“插入”窗口位于工作区右侧浮动面板中，如图 7.2 所示。它以下拉列表框形式展示，占了屏幕很小的区域。“插入”窗口中包含了多种网页元素如图像、表格、层等按钮。

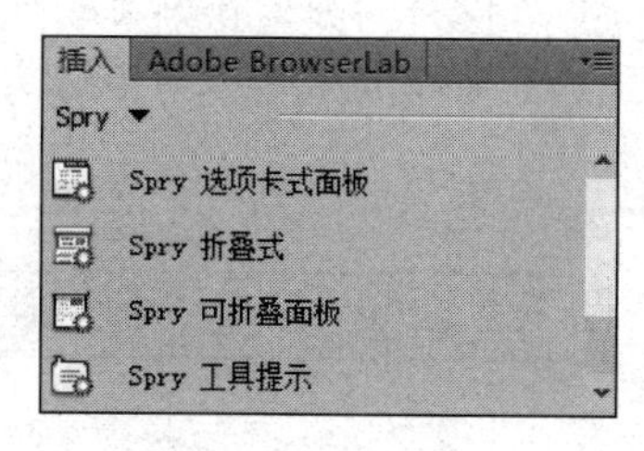

图 7.2　“插入”窗口

3. 文档工具栏

如图 7.3 所示，文档工具栏上可以切换视图，另外还包含文件管理功能、上传下载、浏览器预览等功能按钮。

4. 文档窗口

文档窗口显示用户正在编辑的网页文档。

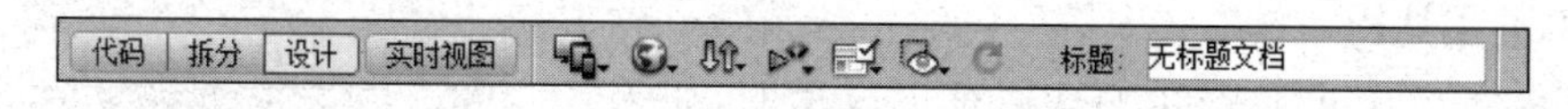

图 7.3　文档工具栏

5. 属性浮动面板

浮动面板用来查看和编辑当前选定的网页元素的属性，此面板中的内容随着选中对象的变化而变化。例如，当前选中了文字，面板中显示文字相关的属性，如字体、大小、样式等，如图 7.4 所示。

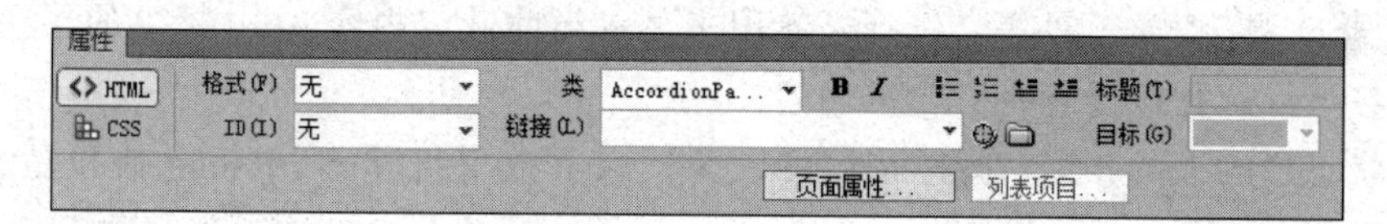

图 7.4　属性面板

6. 面板组

面板组是组合在一个标题下面的多个相关面板的集合。可以单击组名称左侧的展开箭头折叠或展开切换面板。

7. “文件”面板

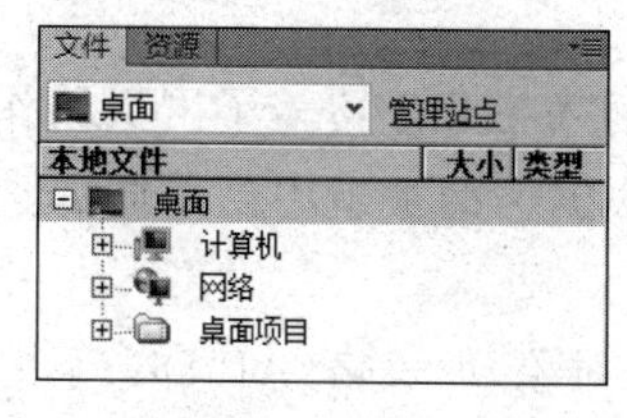

图 7.5　“文件”面板

“文件”面板用来管理文件和文件夹，操作站点，查看站点中的资源。如果“文件”面板没有显示在工作区，执行“窗口”→“文件”命令打开，“文件”面板，如图 7.5 所示。

8. 标签选择器 <body>

标签选择器位于工作区底部状态栏中，用来显示当前选定 html 对象标签的层次结构，单击其中标签，就可以选中该标签及其内容。

7.2.2 窗口和面板

下面学习 Dreamweaver 中的窗口、工具栏、面板、检查器等元素。

1. 文档工具栏

单击文档工具栏左边的按钮，可以在“代码”“设计”和“拆分”视图之间切换。借助“实时视图”可以看到网页在浏览器窗口中运行的效果。在文档工具栏中可以添加网页标题、文件管理、本地和远程站点间传送文档等。文档工具栏如图 7.6 所示。

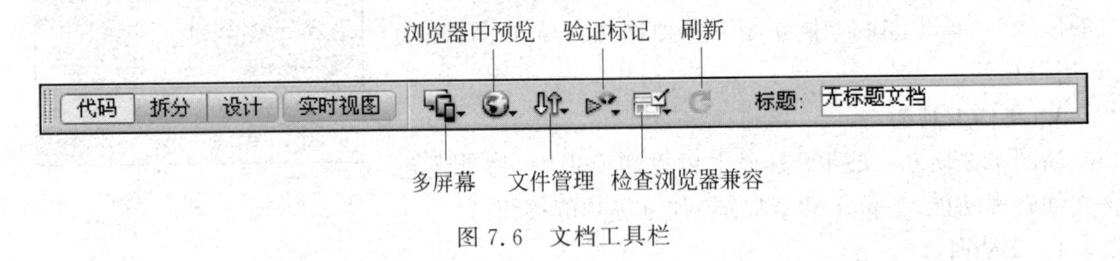

图 7.6 文档工具栏

“多屏幕”可以预览到智能手机、平板电脑和台式机中网页的显示效果。

2. 标准工具栏

在默认布局模式下标准工具栏是不显示的，如果需要显示，可以通过“查看”→“工具栏”→“标准”命令打开。工具栏中包括“文件”和“编辑”菜单中常用的操作按钮，如新建、打开、保存、打印代码、剪切、复制、撤销等，如图 7.7 所示。

图 7.7 标准工具栏

3. 状态栏

状态栏位于窗口的底部，主要用来提供与当前文档相关的信息。其中包括选择标签、选取工具、手形工具、缩放工具等。选择标签用来显示当前选定内容 html 标签的层次结构，单击任一标签可以选择该标签及其全部内容。

切换状态栏的上的 ▣ ▣ ▣ 按钮可以调试网页在手机屏幕、平板电脑和显示器屏幕的显示效果。

显示的窗口大小反映浏览器窗口的内部尺寸(不包括边框)，显示器大小显示在括号中。若访问者按照默认配置在 1024×768 显示器上使用浏览器，用户可以使用 955×60(1024×768，最大值)。如果在列表中没有找到合适的尺寸，也可以进行任意的尺寸设置。单击最下面的“编辑大小”选项，弹出的“首选参数”对话框，在窗口大小栏中可以进行任意数值的设置。

4. 插入栏

插入栏位于 Dreameweaver 界面的右侧浮动面板区域中。插入栏几乎覆盖了网页制作时的所有操作。在插入栏中包括了插入对象的按钮，这些按钮根据类型被组织到不同的选项卡中。

“常用”选项卡：插入栏中默认的选项，其中有最常用的插入对象，如表格、AP Div 等。

“布局”选项卡：用于处理表格、div 标签、AP Div 和框架，通过插入布局元素可以定义页面布局。

“表单”选项卡：为用户提供了创建表单的基本组成控件，表单是存放表单元素的容器，它的边框在网页中是不可见的。

“数据”选项卡：添加与网站后台数据库相关的动态交互元素，如记录集、重复区域、更新记录表单等。

Spry 选项卡：包括 XML 的列表和表格、折叠构件、选项卡式面板等元素。

“文本”选项卡：设置常用的文本格式 HTML 标签，如强调文本、改变字体等列表。

收藏夹：可将插入栏中常用工具放入收藏夹，以提高工作效率。默认状态下，收藏夹中为空，可在收藏夹选项卡上右击，在弹出的快捷菜单中选择“自定义收藏夹”选项，然后，在左边的“可用对象”栏中选择对象，单击两栏中的“添加”按钮，将选中的对象添加到“收藏夹”栏中，在收藏夹对象栏中单击“添加分隔符”可将图标分组显示。

7.2.3 Dreamweaver CS6 新增功能

1. 流体网格布局

Dreamweaver CS6 中引入了流体网格布局，此布局可适应不同的屏幕尺寸，可以直观地创建网页。

2. 增强型 jQuery Mobile 支持

Dreamweaver CS6 附带 jQuery 1.6.4 和 jQuery Mobile 1.0，也就是说，在这个平台可以轻松地编辑 jQuery 脚本。

3. 更新的实时视图

可以通过实时视图测试网页，提高工作效率。

4. 更多的屏幕预览面板

在多屏幕预览界面中，可以检查在不同的媒体网页所呈现的效果。

5. CSS 过渡效果

通过 CSS 过渡效果的设置，可以使网页元素具有平滑运动的效果。

7.3 站点部署

管理站点资源

7.3.1 管理站点资源

Internet 上的网页是以站点为单位组织的，孤立于网站的页面是不存在的。在网页制作之前，先要建立一个站点，以后所有操作都是在此站点中进行的。如果要发布站点，也是将整个网站进行发布。

如果没有考虑网页文件或素材文件的位置就开始创建文档，将导致文件位置混乱。因此，可以在设置站点时创建一个存放网站中素材的文件夹，将所有素材文件放在其中，方便以后使用。

一般在创建站点时，采用见名知意的名字为文件夹命名。例如，images 表示存放图片的文件夹；media 文件夹用来存放媒体文件。为站点中的每个栏目创建一个栏目文件夹，按照栏目的英文单词命名，如 news 表示新闻栏目。创建了这些文件夹之后，方便用户有序管理站点资源。

管理站点分为新建站点、管理站点、删除站点、复制站点、导出站点、导入站点等操作。

创建站点：创建站点是制作网站的第一步，Dreamweaver 中可以执行“站点”→“新建站点”命令完成站点的创建。

站点创建之后，可以通过“管理站点”对话框对站点进行管理。在对话框列表区中，双击编辑的站点，然后对站点进行修改。

站点创建好之后，可以在“文件”面板切换到“站点地图”视图中，以链接图标的形式查看站点的本地文件夹，向站点添加新文件，添加修改链接。注意，在显示站点地图之前要定义站点首页。

7.3.2 能力提高

为图书馆网站建立站点的操作步骤如下：

(1) 执行“站点”→“新建站点”命令。

(2) 打开“站点”设置对象对话框，在站点选项卡下设置站点的名称，输入中文名字“图书馆网站”，本地站点文件夹选择在磁盘上建立的 library 文件夹。

说明：这个文件夹中保存了前期处理的各种图像素材、文字资料。

(3) 此站点只是在本地编辑，没有上传到服务器上，所以其他如服务器、高级设置等选项暂时不做设置。

右侧文件浮动面板上出现了 library 站点文件夹中的信息。

7.4 文本处理

文本基本设置

7.4.1 网页标题设置

网页标题位于浏览器窗口的左上角标题栏位置，用来表示网页的名称，但是这个名称不同于网页的文件名。标题对于网页非常重要，因为搜索引擎对网页搜索时，会优先搜索标题。

在文档窗口标题处可以直接设置标题。

7.4.2 文本设置

1. 设置文本标题

执行“修改”→“页面属性”命令。打开的“页面属性”对话框，选择分类栏中的“标题(CSS)”选项，文本标题共有 6 个级别，每个级别的标题的字号，颜色，可以单独设置。字体通过“标题字体”下拉列表框进行选择，如图 7.8 所示。

2. 添加空格

添加空格的三种方法如下。

(1) 网页中添加空格时，可以将“插入栏”切换到“文本”选项卡，单击最后一个图标旁边的下三角按钮，在弹出的下拉列表框中选择“不换行空格”选项，就可以为文本添加一个空格。

(2) 通过按 Ctrl＋Shift＋空格键实现空格插入。

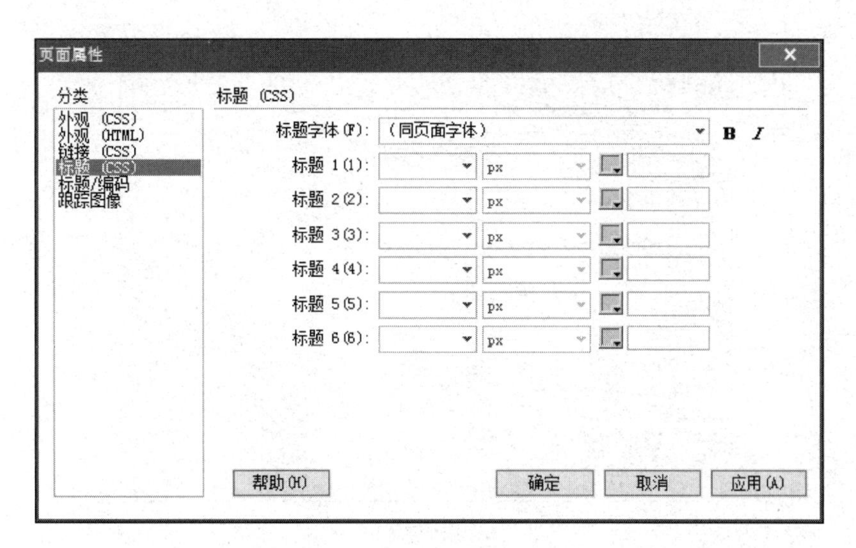

图 7.8 “页面属性”对话框

(3) 将输入法切换到中文输入法下，将半角切换为全角后按下空格键也可以添加多个空格。

3. 强制换行

网页中输入文字时，如果希望文字能产生换行效果，单击插入栏的“文本”选项卡中的最后一个按钮，在弹出的列表中选择“换行符”。

说明：换行的效果与直接按 Enter 键的效果有区别，换行的行间距小于按 Enter 键的行间距；此外换行主要用于段内换行，而按 Enter 键主要用来产生分段效果。

4. 文字基本设置

文字的设置通常在“属性”面板中进行，如图 7.9 所示。在“属性”面板左侧框线区域中选择 CSS。CSS 选项的“属性”面板如图 7.10 所示。

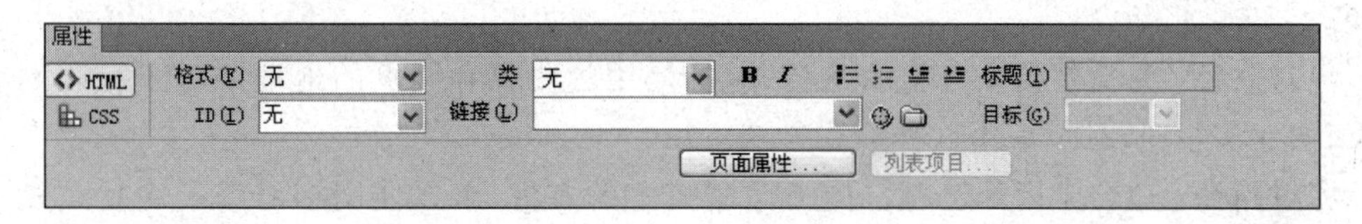

图 7.9 “属性”面板

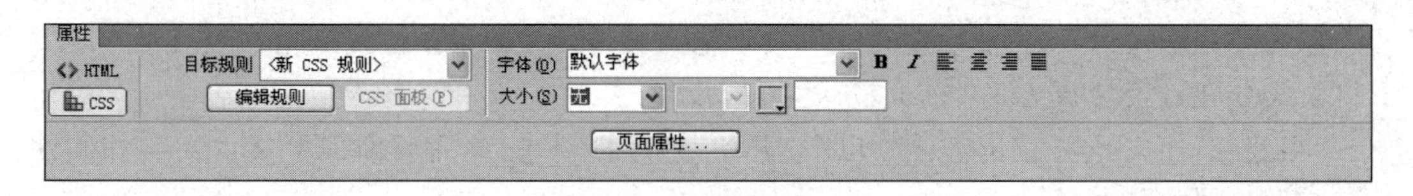

图 7.10 CSS 选项的“属性”面板

在“CSS 选项的属性”面板中，单击“编辑规则”按钮，对样式属性进行编辑。在“新建 CSS 规则”对话框中设置选择器类型及名称，如图 7.11 所示。

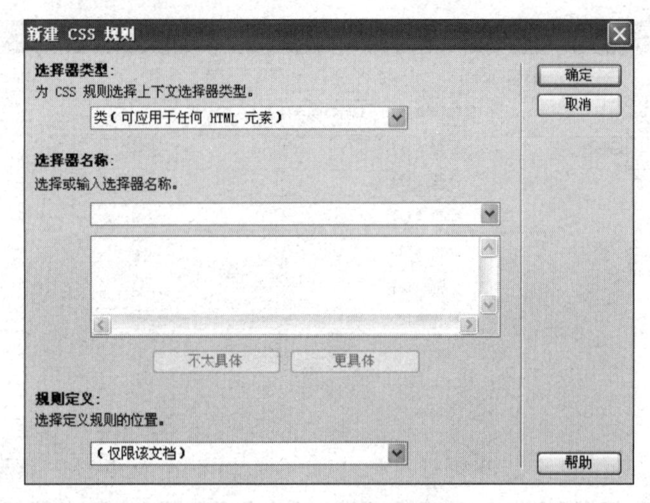

图 7.11　新建 CSS 规则

7.5　建立超链接

建立超链接

7.5.1　什么是超链接

超链接是网页中非常重要的组成部分,通过链接可以在 WWW 上不同站点之间跳转。一个超链接就像一个箭头一样,包括起点和终点,起点是当前网页,终点是目标网页,方向是从当前页面跳转到目标页面。

7.5.2　如何表示超链接

在设置超链接时,目标文件的路径可以采用 3 种方式表示:绝对路径、相对路径、根路径。

绝对路径:为文件提供完整的路径,包括使用的协议和网页的地址。对于互联网上的网页、图片和按钮,必须采用这种描述方式表示。

相对路径:适合于内部链接。同一个站点中的文件,可以使用相对路径表示位置。这种路径表示不会受到站点文件夹移动的影响,可以省略绝对路径中的相同部分,书写比较简单。如果链接到同一个目录下,只需要输入链接文件的名称,如果链接的是下一级目录中的文件,需要先输入目录名,然后输入"/",接着输入文件名。如果要链接到上一级目录中的文件时,需要在目录名和文件名前面输入"../"。

根路径:也适合于内部链接。以"/"开始,表示根目录,然后后面加上文件夹名和文件名,按照从属关系书写,如:/web/index.html。

7.5.3　文本链接

操作步骤:在"设计视图"中选中需要添加超链接的文字,在"属性面板"中找到链接选项,在文本框中输入完整的地址,或单击黄色的文件夹图标,在本地硬盘中找到目标文件链接。

如果希望链接的网页在一个新的浏览器窗口中打开，可以在目标栏中选择_black，如果需要将链接的网页代替之前窗口中的内容，可以选择_self。

7.5.4 电子邮件链接

浏览网页时，如果单击电子邮件链接，会在 Outlook Express 中打开发送电子邮件窗口，为用户提供了收件人地址，只需依次添加邮件的主题、邮件内容，单击"发送"按钮，即可发送邮件。

电子邮件链接设置：

(1) 将光标定位在要添加电子邮件的位置上，在插入栏中选择"常用"选项卡，左边第二个按钮就是电子邮件链接设置按钮。

(2) 单击按钮，在对话框中输入文本和 E-mail 地址，如图 7.12 所示。设置后，在属性面板中链接栏中自动出现电子邮件链接。和标准页面链接不同的是电子邮件链接的代码是"mailto：＋电子邮件地址"。

图 7.12 电子邮件设置对话框

小提示：

如果要为邮件加标题，可以在邮件地址的后面先输入"?"，然后再输入"subject＝"。接下来就可以输入需要的标题了。例如，"mailto：mminnaliu@163.com? subject＝回复"。此时会在发送新邮件窗口显示发送的主题"回复"。

7.6 在网页中使用图像

网页中使用图像

精美的网页不能没有图片装饰，引入图片可以使网页更加美观，使网页中传递的信息更加直观。

7.6.1 插入图像

方法：在文档窗口中将光标定位到需要插入图像的位置，在常用插入栏中单击"图像"按钮，在弹出的"查找图像源文件"对话框中选择本地计算机上的图像，单击"确定"按钮。

说明：当选择图片后，在"查找图像源文件"对话框中显示图片预览效果及图片尺寸、图片格式和图片文件大小等信息。单击"确定"按钮之后，弹出"图像标签辅助功能属性"对话框，此时用户可以输入替换文本，所谓"替换文本"就是当浏览者把光标放在图片上时显示的文字,或是当图片无法在浏览器中显示时的文字。“详细说明”需要用户输入对替换文本的详细说明。

如果插入的图像不在站点中,系统会提示是否将图片复制到站点中。

7.6.2 操作热区

1. 热区

在一张图像上,当鼠标指向某个区域时,光标变成手型图标,单击这个区域时,跳转到其他页面,这就是热区。

2. 设置热区

通过“属性”面板左下角区域的工具 地图 设置,Dreamweaver 把这些工具称为“地图”,有时也称为“热区”或“热点”。热区是为图像绘制特殊的区域,特殊在可以为此区域设置链接。

在 Dreamweaver 中,有三种热区,分别是圆形热区、矩形热区和多边形热区。这三种热区工具绘制的区域形状不同。

操作步骤:

(1) 选中网页中的一张图像。

(2) 单击属性面板中的“矩形热区”工具。可以根据区域的特点来选择合适的热区工具。

(3) 在图像上找到合适的位置绘制。绘制的热区为浅蓝色。通过调整热区的控制点可以改变矩形的大小。

(4) 为热区添加链接。在属性面板中的链接栏中直接输入链接地址。

7.6.3 制作光标经过图像

当鼠标指针经过某个图像时,图像切换为另一个图像;当鼠标指针移开时,图像恢复成原始图像,此效果可以通过光标经过图像工具实现。

制作方法:

(1) 新建空白网页,执行“插入”→“图像对象”→“鼠标经过图像”命令,打开“插入鼠标经过图像”对话框。

(2) 在对话框中设置:

① 图像名称设置。

② “原始图像”设置。

单击浏览按钮添加一张图像作为原始图像,即鼠标没有经过时的图像。

③ “鼠标经过图像”设置。

④ 在“替换文本”设置,添加图像说明文字,设置鼠标按下时前往的网页地址。

7.6.4 添加背景图像

可将图像作为网页背景插入，因为是背景图像，可以直接在上面编辑文本。

操作步骤：执行“修改”→“页面属性”命令，在左侧分类栏中单击“外观分类”，右侧选项框中选择“背景图像”命令，通过浏览按钮找到背景图片。

7.7 网页中插入多媒体元素

7.7.1 插入 Flash 动画

Flash 是网页三剑客之一，利用 Flash 软件可以制作多媒体页面、特殊的文字按钮。Flash 文件具有存储容量小、放大不失真、图像效果清晰等特点。Flash 文件的播放器是 Flash Player，这个软件可以作为 IE 浏览器的 ActiveX 控件，所以 Flash 动画可以直接在浏览器窗口中播放。

操作步骤：

(1) 在 Dreamweaver 中将光标定位到插入动画的位置。

(2) 单击“常用”插入栏的“媒体”按钮，在弹出的列表中选择 SWF 项。

(3) “选择文件”对话框中选择 SWF 文件。

(4) 单击“确定”按钮，在工作区域出现灰色的区域，上面有 Flash 标志。灰色区域的尺寸是 Flash 文件原始尺寸。如果要修改这个尺寸，可以选中 Flash，拖曳右下角的控制点调整大小。

7.7.2 插入 Flash 视频

操作步骤：

(1) 单击“常用”插入栏的“媒体”按钮，在下拉列表框中选择“Flash 视频”选项，弹出“插入 Flash 视频”对话框。

(2) 在“视频类型”项选择为“累进式下载视频”，并通过浏览按钮找到一个 FLV 格式的视频文件。

累进式下载视频：将 Flash 视频文件下载到站点访问者的硬盘上，然后播放，也可以在下载完成之前就开始播放视频文件。

(3) 对视频的宽度、高度设置，如果想获取视频文件原来的尺寸，可以单击“检测大小”按钮。

(4) 如果希望自动播放，将“自动播放”按钮选中，如果希望视频文件循环播放可以选中“自动重新播放”复选框。

(5) 选中“如果必要，提示用户下载 Flash Player”复选框，系统自动检查 Flash 视频所需的 Flash Player 版本，如果浏览中没有安装所需的版本系统会提示下载最新版本。

(6) 单击“确定”按钮，FLV 文件插入到网页中。

注意：插入的视频文件无法像其他的 Flash 文件在 Dreamweaver 中播放，必须在浏览器中才能看到播放效果。

7.8 使用表格布局

使用表格布局

网页中的文字、图像、视频等元素需要经过布局，设置在网页中特定的位置，这样才能使整个网页看上去结构清楚，不凌乱。

7.8.1 页面布局

网页的版面布局在网页制作中至关重要，因为它会影响到整个网页的成败，所以一定得慎重。

1. 什么是页面布局

网页布局是研究把网页元素放置在网页中什么位置。经过布局后网页上的各个元素位置更加整齐。

2. 如何布局

一般地，从简单到复杂，先构造核心区域，然后将这些区域细分为子区块，这样网页中的分区就细化了，复杂的网页布局就构造出来。可以采用从上到下的顺序布局。首先，将页面分为三大部分：栏目导航区、主内容区和版权区，如图 7.13 所示。

栏目导航区可分为 Logo 区和导航区，主内容区可以细分为左、中、右 3 个区域，如图 7.14 所示。

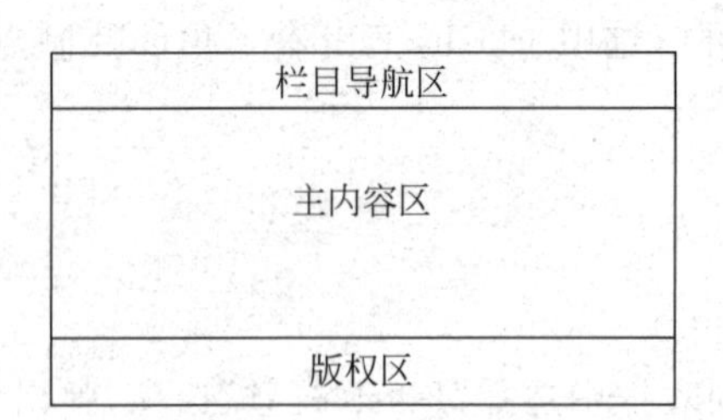

图 7.13 版面设计图

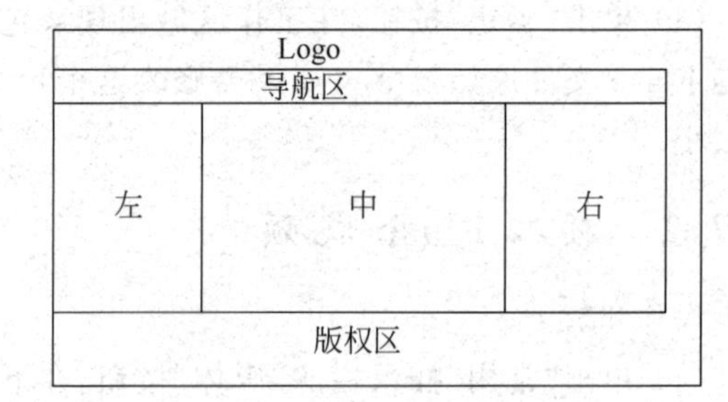

图 7.14 版面设计图

在 Dreamweaver 中可利用表格对网页版面制作。表格中有行和列以及单元格，在单元格中放置不同的网页元素，从而达到网页排版布局的目的。图 7.14 中的版面结构，可通过 4 行 1 列表格实现布局。

7.8.2 表格设置

执行"插入记录"→"表格"命令，可对表格进行如下设置。

1. 表格大小设置

对表格的基本数据设置。行数和列数用来设置表格的行和列的数目。表格宽度可设置为一个具体的像素值，也可设置为百分比。边框粗细可设置为具体数值，如果不希望显示边框，可设置值为 0。单元格间距是指单元格和单元格边之间的间距。单元格边距是单元格中内容距单元格边的距离。

2. 页眉设置

页眉设置用来对表格的标题进行设置。可以选择"无"，表示没有标题。"左边""顶部"

可以将标题的位置设置为左边或顶部位置。

3. 辅助功能

辅助功能可设置表格标题、显示位置及摘要部分(对表格辅助说明)。

7.8.3 表格选择

如果要对表格编辑,需要先选择表格或表格行列的方法。

(1) 选择整个表格:把光标移动到表格外边框处,当鼠标指针变成上下方向的箭头时,单击,可以将整个表格选中。

(2) 选择行:在同一行内任何单元格上单击,标签选择器上单击< tr >标记,此时该行都带有黑色的边框,表示已被选中。

(3) 选择列:将光标移动到表格的顶部所要选择列的上方,当光标变成黑色向下箭头时单击,此时这列都被选中。

格式化表格:表格属性通过属性面板设置。在此面板中设置表格行数、列数、宽度、对齐方式和边框值,如图 7.15 所示。

图 7.15 表格属性设置面板

7.9 使用行为

使用行为

行为是 Dreamweaver 的一项重要功能,在 Dreamweaver 中以可视化的方式添加行为。

7.9.1 行为概念

行为是动态响应用户操作、改变当前页面效果或执行的特定任务。
行为是由事件和触发该事件的动作的组合。在“行为”面板中,先指定动作,然后指定触发动作的事件。

动作是浏览者执行的操作,如单击鼠标、移动鼠标、页面载入等操作,事件是由 JavaScript 语言编写的,通过 JavaScript 定义函数完成特定的任务。

不同的网页元素有不同的动作,如文档对象 body 和图像对象可设置 onload 动作,其他元素 onload 动作不可用。

7.9.2 行为设置

设置行为先选中对象,然后通过“行为”面板添加行为。

执行“窗口”→“行为命令”,打开菜单设置行为,如图 7.16 所示。

如果已为对象添加行为,则行为按字母顺序显示在列表中,若对象有多个动作,则按照列表上显示的顺序去执行这些动作。

为网页中的元素添加行为操作步骤：

(1) 在设计视图中选择对象，如果要给整个页面添加行为，可以选择< body >标签。

(2) 执行"窗口"→"行为"命令，打开行为面板。

(3) 单击+按钮，从下拉菜单中选择动作，灰色动作表示当前不可用。

(4) 输入相应的参数，单击"确定"按钮，在列表中显示添加的行为和默认的动作。如果需要修改动作，可以从"事件"下拉列表框中选择其他事件。

添加行为之后，可以修改触发动作的事件，也可以添加、删除和修改动作。下面通过几个实例，介绍常见的行为及添加方法。

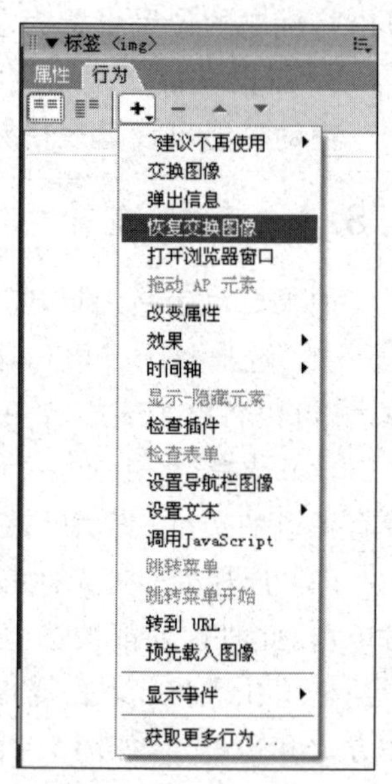

图 7.16　添加行为

【例 7.1】　打开浏览器窗口行为。

在当前网页中打开一个新的浏览器窗口，操作步骤如下：

(1) 状态栏中单击 body 标签，行为面板中添加"打开浏览器窗口"行为。

(2) 在打开浏览器窗口对话框设置要显示的 URL、窗口的宽度和高度、设置窗口中是否显示导航条、地址栏、状态栏及菜单条，如图 7.17 所示。

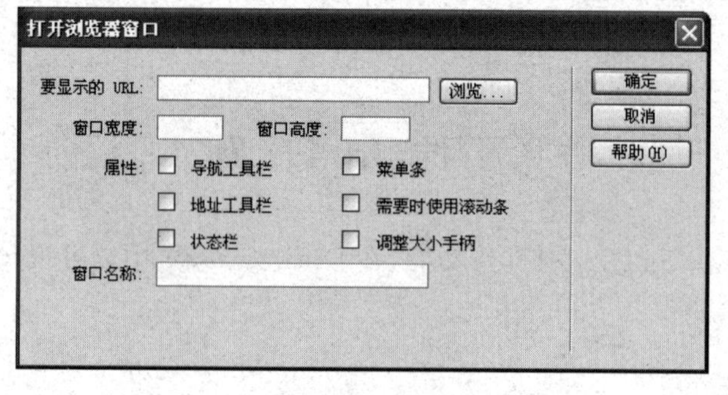

图 7.17　"打开浏览器窗口"对话框

还可以为网页添加播放声音动作、改变属性、弹出消息、检查表单、检查插件、检查浏览器、设置预先载入图像、设置交换图像、转到 URL 和拖动 AP 元素等行为。

【例 7.2】　弹出消息行为。

加载某个页面后弹出消息对话框。

操作步骤：

(1) 将视图切换到"代码"视图，光标停放在< body >之后。

(2) 打开"行为"面板，单击 +. 按钮，在弹出的菜单中选择"弹出消息"选项。

(3) 在"弹出消息"对话框中输入 hello，单击"确定"按钮。

可以在行为面板上看到添加的弹出信息行为，如图 7.18 所示。

图 7.18　添加的行为截图

说明：同时可以为网页中的其他对象（如图像、层）设置弹出消息行为。

【例 7.3】 URL 跳转行为。

转到 URL 可以从当前窗口或指定的框架中跳转到新的网页。

操作步骤：

(1) 打开网页，将视图切换到“代码视图”，光标停放在< body >之后。

(2) 打开“行为”面板，单击 + 按钮，在菜单中选择“转到 URL”选项。

(3) 在“转到 URL”对话框中输入需要跳转的 URL 地址，如图 7.19 所示。

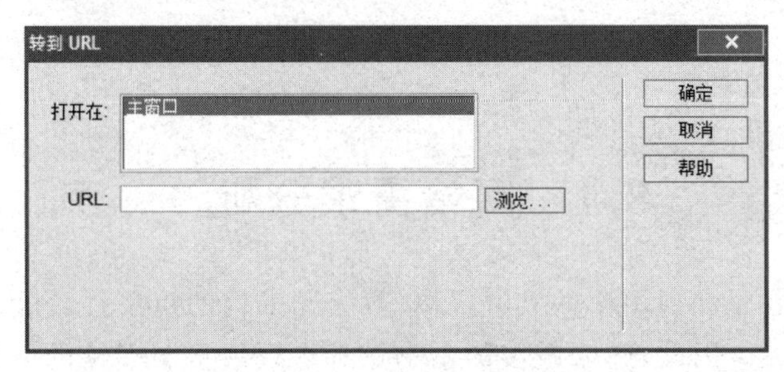

图 7.19 “转到 URL”对话框

单击“确定”按钮之后，可以在行为面板上看到添加的行为。

本章小结

Dreameaver 是一款功能强大的网页编辑工具软件，具有所见即所得的页面编辑特点，借助精简化的智能编码引擎，可以轻松地创建、编码和管理网站。

Dreameaver CS6 在 CS5 版本基础上新增了很多功能。例如，可响应的自适应网格版面；创建跨平台和跨浏览器的网页；多线程 FTP 传输工具，可以节省上传大型文件的时间，快速高效地上传网站文件，缩短了制作时间；使用更新的“实时视图”功能在发布前测试页面。

课后习题

(1) 建立与电子邮件的超链接时，在属性面板的链接文本框中输入________+电子邮件地址。

(2) Dreamweaver 的三种视图为________、________和________。

(3) 在 Dreamweaver 中，创建超链接有哪些方法？

(4) 如何在网页中插入图像？

第8章 图书馆网站开发案例

8.1 网站需求分析

需求分析

随着数字资源数量和利用率的大幅提高,数字图书馆的重要性已经超过实体图书馆建设。因此,越来越多的图书馆都重视数字图书馆的网站建设。图书馆网站整合更多的数字资源,发挥更强的功能,更好地为读者服务。

需求分析:经过与咸阳师范学院图书馆工作人员沟通,确定如图8.1所示的策划书。

主题: 图书馆网站

配色方案: 以蓝色为主。配有文字、图片,打造严谨、清爽的风格。

首页的布局: 首页分为9部分。上面是网站Logo,Logo下面是导航条;导航条下面是首页主体部分,在主体部分水平分为3个分区,第1分区的右侧有一个公告栏,设有至下一级的链接;第2个分区是滚动图片,其右侧为资源动态,第3个分区为常用数据库、热门链接,页面底部为版尾区域。

开发目的: 网站早期建设追求的是单纯的美观性,但是可用性研究并没有引起重视。在这个网站开发项目中,将高可用性作为网站开发最重要的指标,提供方便用户使用的数字化信息平台。

图8.1 网站策划书

需求人员确定如图8.2和图8.3所示的需求分析资料。

图书馆网站需求设计说明书

作者:刘敏娜

日期:2018.02.28

目录

图8.2 图书馆网站需求设计说明书

1. 引言

1.1 目的：为了更好地记录、分析用户提出的需求，同时指导页面需求采集。

1.2 项目背景：本项目由图书馆工作人员提出，由某开发部门进行开发。

1.3 参考资料：无。

2. 技术概述

2.1 目标：使用网站开发技术将图书馆门户网站制作成为高可用性、有亲和力、易于访问和管理的系统。

2.2 硬件环境：采用用户目前已有的硬件环境。

2.3 软件环境：操作系统可以是 Windows 和 Linux。

3. 功能需求

3.1 功能划分：网站有馆藏书目检索、新书通报、书刊荐购、学术信息与动态、新生专栏、联系我们、资源检索、读者服务、信息服务、网络导航、公告栏等信息展示，读者发布书刊荐购等功能。

3.2 核心功能描述：

书刊荐购：为了加强图书馆与读者之间的沟通与交流，既方便读者推荐图书，也保证图书馆采编人员了解读者需求，使图书馆馆藏更符合读者的文献信息需求，通过书刊荐购栏目，广大读者可以在线填写图书荐购单，图书馆将尽力满足每位读者的荐购请求。

资源检索：分为中文数据库、外文数据库、试用数据库、电子图书、网络免费资源、随书光盘、特色资源和自建资源等类型，方便读者检索资源。

读者服务：提供读者信息查询、文献续借、文献预约、证件管理、常见问题解答、外借服务、读者教育、图书捐赠等服务。

公告栏：最新新闻通知展示。

4. 性能需求

3.1 数据精确度：无。

3.2 时间特性：用户在 5s 内可以打开网页。

5. 用例图

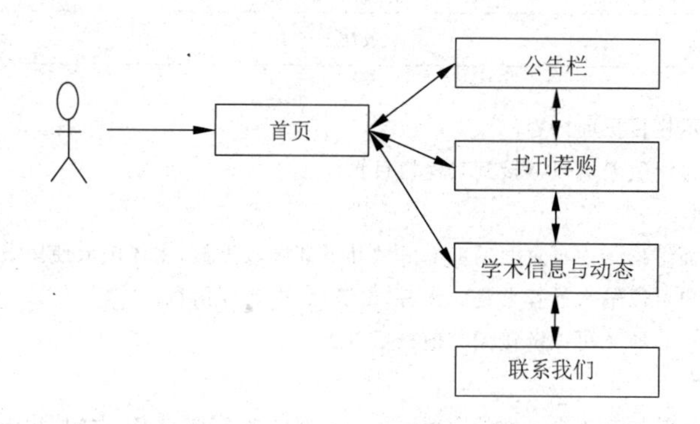

6. 其他需求

界面友好，可用性高。

图 8.2 （续）

图书馆网站页面需求设计说明书

作者：刘敏娜日期：2018.3.8

目录

1. 引言

目的：为了细化图书馆网站需求分析，特撰写此需求设计文档。

图 8.3 图书馆网站页面需求设计说明书

2. 首页页面布局结构

页面功能说明：首页制作本着将最有特色的信息放在最醒目的位置，并且能分类展示网站的信息。

页面链接说明：首页可以链接至各个栏目页面。首页布局结构：

<table>
<tr><td colspan="2">图书馆 Logo</td></tr>
<tr><td colspan="2">导航条</td></tr>
<tr><td>主体内容列表</td><td>公告栏</td></tr>
<tr><td>滚动图片</td><td>资源动态</td></tr>
<tr><td colspan="2">常用数据库</td></tr>
<tr><td colspan="2">热门链接</td></tr>
<tr><td colspan="2">版尾</td></tr>
</table>

3. 内页页面

页面布局结构：

图书馆 Logo
导航条
主体内容
热门链接
版尾

页面功能说明：展示栏目页面内容。

页面链接说明：通过导航条可以链接到其他栏目页面。

4. “书刊荐购”页面

页面布局结构：页面结构与内页页面的上部区域和下部区域类似，主体区域使用表格布局。

页面功能说明：用户可以输入推荐书籍的作者、出版社、书名等信息。

页面链接说明：通过导航条可以链接到其他栏目首页。

5. “联系我们”页面

页面布局结构：页面结构与内页页面的上部区域和下部区域类似，主体区域使用表格布局。

页面功能说明：列出图书馆主要办公人员的联系方式及办公地点。

页面链接说明：通过导航条可以链接到其他栏目首页。

6. “学术信息与动态”页面

页面布局结构：页面结构与内页页面的上部区域和下部区域类似，主体区域使用表格布局。

页面功能说明：通过超链接形式展示图书馆自办刊物《学术信息与动态》的信息。

页面链接说明：通过导航条可以链接到其他栏目首页。

7. 其他要求

例如，用户对颜色的要求、布局的要求、徽标的要求等。无

图 8.3 （续）

8.2 网站设计

网站设计

8.2.1 概要设计

概要设计阶段由设计人员根据需求说明书确定网站页面的概要设计说明书，如图 8.4 所示。

图书馆网站页面的概要设计说明书

作者：刘敏娜

日期：2018.3.20

目录

1. 引言

目的：为有效指导图书馆网站页面设计，特设计此概要设计说明书，包括目录设置、页面相关名称、页面跳转关系、页面说明等。

参与人员：参加设计的人员。

2. 网站主要栏目页面名称和跳转关系

2.1 根目录

2.1.1 目录和文件。

页面名称	全路径	说明	对应需求设计页面
index. html	/index. html	网站首页	主页面
skjg	/skjg	书刊荐购栏目文件夹	
images	/images	首页素材图片文件夹	
xsxxydt	/xsxxydt	学术信息与动态栏目文件夹	
ggl	/ggl	公告栏栏目文件夹	

2.1.2 重要跳转关系说明：网站首页 index. html 可以跳转到栏目页面，栏目页面通过导航条可以相互链接。

2.2 栏目 1：资源检索栏目。

2.2.1 目录和文件：

页面文件	全路径	说明
index. html	/zyjs/index. html	首页“资源检索栏目”
wwsjk. html	/zyjs/wwsjk. html	“外文数据”页面
sysjk. html	/zyjs/sysjk. html	“试用数据库”页面
dzts. html	/zyjs/dzts. html	“电子图书”页面

2.2.2 重要跳转关系说明：由栏目页面可以跳转到子栏目页面，子栏目之间通过页面左侧导航可以相互跳转。

2.3 栏目 2：读者服务栏目。

图 8.4 图书馆网站页面的概要设计说明书

2.3.1 目录和文件：

页面文件	全路径	说明
index. html	/dzfw/index. html	首页"读者服务栏目"
dzxxcx. html	/dzfw/dzxxcx. html	"读者信息查询"页面
wxxj. html	/dzfw/wxxj. html	"文献续借"页面
wxyy. html	/dzfw/wxyy. html	"文献预约"页面

2.3.2 重要跳转关系说明：由栏目页面可以跳转到子栏目页面，子栏目之间也可以相互跳转。

2.4 栏目 3：入馆指南栏目。

2.4.1 目录和文件：

页面文件	全路径	说明
index. html	/rgzn/index. html	首页"入馆指南栏目"
bggk. html	/rgzn/bggk. html	"本馆概况"页面
rgxz. html	/rgzn/rgxz. html	"入馆须知"页面

2.4.2 重要跳转关系说明：由栏目页面可以跳转到子栏目页面，子栏目之间也可以相互跳转。

2.5 栏目 4：信息服务栏目

2.5.1 目录和文件：

页面文件	全路径	说明
index. html	/xxfw/index. html	首页"信息服务栏目"
xxzx. html	/xxfw/xxzx. html	"信息咨询"页面
gjhj. html	/xxfw/gjhj. html	"馆际互借"页面
wxcd. html	/xxfw/wxcd. html	"文献传递"页面

2.5.2 重要跳转关系说明：由栏目页面可以跳转到网站首页，也可以跳转到其他栏目页面。

2.6 栏目 5：网络导航栏目

2.6.1 目录和文件：

页面文件	全路径	说明
index. html	/wldh/index. html	首页"网络导航栏目"
xkdh. html	/wldh/xkdh. html	"学科导航"页面
wstsg. html	/wldh/wstsg. html	"网上图书馆"页面
tjzd. html	/wldh/tjzd. html	"推荐站点"页面

2.6.2 重要跳转关系说明：由栏目页面可以跳转到网站首页，也可以跳转到其他栏目页面。

图 8.4 （续）

8.2.2 详细设计

详细设计阶段由设计人员根据需求说明书和页面概要说明书确定网站详细设计资料，详细设计过程明确页面的布局结构、CSS样式。以书刊荐购栏目的详细设计为例，介绍详细设计说明书的结构。书刊荐购详细页面设计说明书如图8.5所示。

书刊荐购详细页面设计说明书

作者：刘敏娜

日期：2018.3.28

目录

1. 引言

目的：详细说明某些代码复杂、技巧灵活的页面设计过程和方法。

参与人员：参加设计的人员和分工。

关键字：skjg.html。

页面一览：

页面全路径	页面说明	创建时间
skjg\index.html	书刊荐购页面	2018.4

2. 页面 index.html

2.1 CSS说明：定义外部样式，字大小为14px，黑色。超链文字默认是蓝色，大小为14px，鼠标指向时颜色为橘色。

2.2 层说明：未使用层。

2.3 框架说明：未使用框架。

2.4 页面内容说明：页面中定义书刊荐购表单，表单元素通过表格布局。

图8.5 书刊荐购详细页面设计说明书

8.3 网站实现

首页制作

8.3.1 项目1：首页制作

图书馆网站首页效果如图8.6所示。

首页分为14个模块，结构图如图8.7所示。

网站使用HTML，CSS，JavaScript作为开发语言。开发分解为三个任务：HTML页面结构设计、CSS样式设计和细节设计。首页制作思维导图如图8.8所示。

1. HTML页面结构设计

操作步骤：

(1) Sublime Text中新建HTML文件，将文件保存到D盘library文件夹中，如果没有此文件夹则创建一个文件夹，将文件命名为index.html。

注意：文件默认类型为All Files，将类型修改为HTML。

(2) 录入网页基本结构标记。

(3) HTML文件中定义分区模块，分别是container、logo、navigator、content、c1、c2、c3、c4、c5、news、recommand、box、resource、database、hotlink和copyright。

图 8.6 网站首页效果图

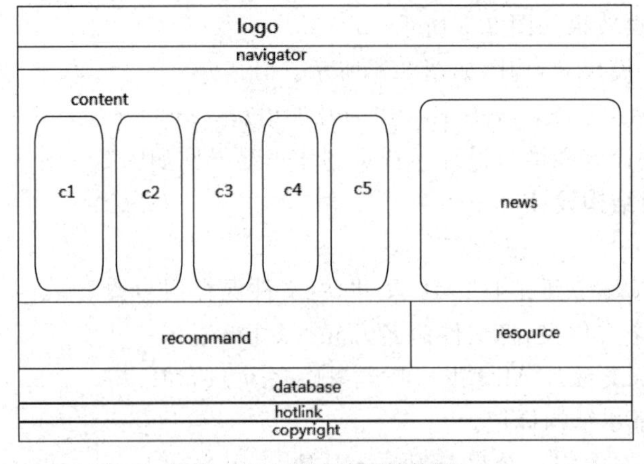

图 8.7 网站首页结构图

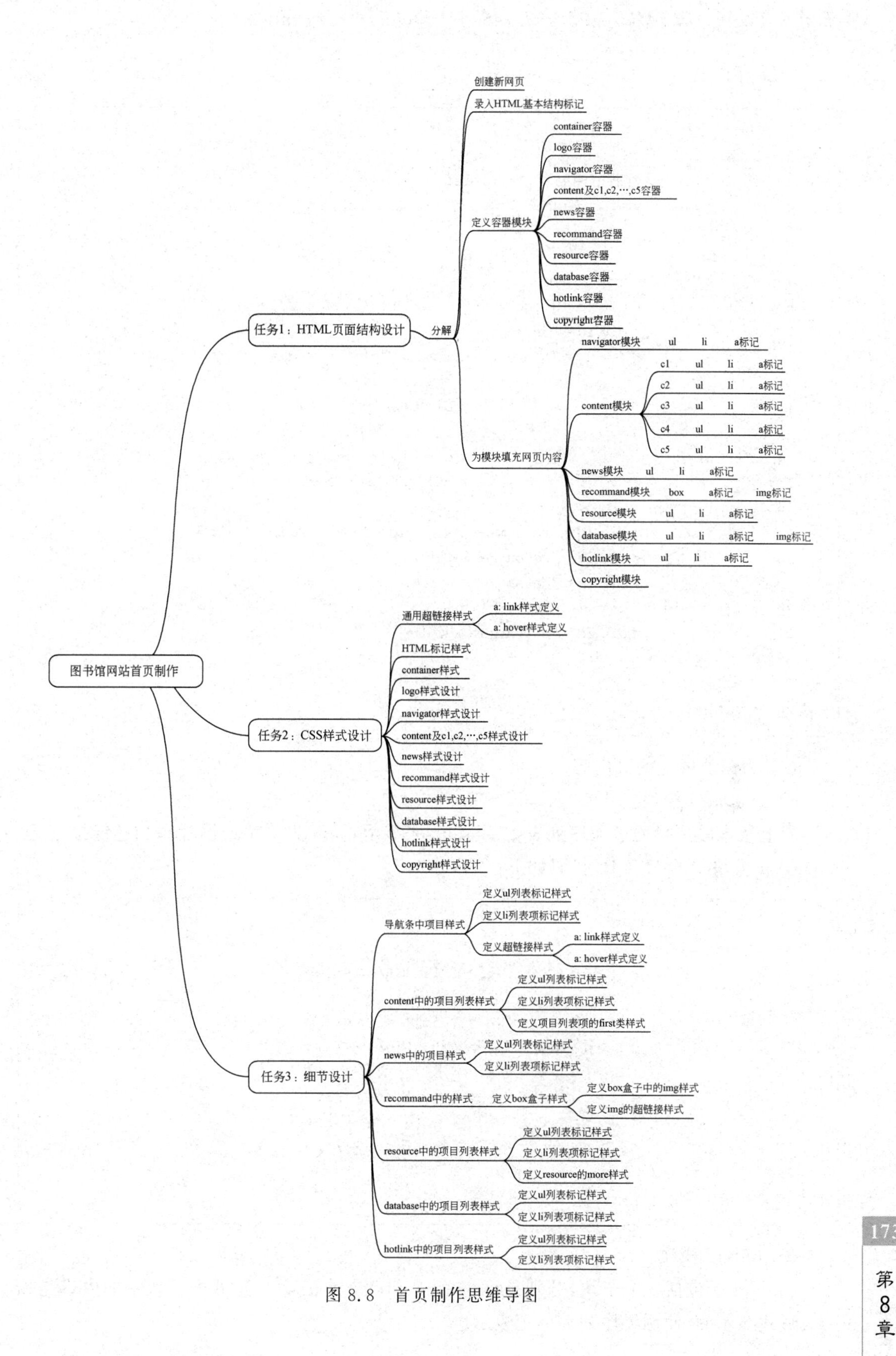

图 8.8　首页制作思维导图

代码如下：

```
1  <html>
2    <head>
3        <title>图书馆网站首页</title>
4        <link rel = "stylesheet" type = "text/css" href = "index.css"/>
5    </head>
6    <body>
7        <div id = "container">
8                <div id = "logo">                        </div>
9                <div id = "navigator">                   </div>
10               <div id = "content"><div id = "c1">      </div>
11                                   <div id = "c2">      </div>
12                                   <div id = "c3">      </div>
13                                   <div id = "c4">      </div>
14                                   <div id = "c5">      </div>
15                                   <div id = "news">    </div>
16               </div>
17               <div id = "recommand"><div id = "box"></div></div>
18               <div id = "resource"> </div>
19               <div id = "database"> </div>
20               <div id = "hotlink"> </div>
21               <div id = "copyright"> </div>
22         </div>
23     </body>
24  </html>
```

(4) 为模块填充网页内容。

① navigator 模块。

导航条中的项目通过无序列表<ul><li>来显示，同时为文字或图片添加超链接标记。navigator 模块中的 HTML 代码如下：

```
1 <div id = "navigator">
2            <ul>
3                <li><a href = "#">学校主页</a></li>
4                <li><a href = "#">馆藏书目检索</a></li>
5                <li><a href = "#">新书通报</a></li>
6                <li><a href = "#">书刊荐购</a></li>
7                <li><a href = "#">学术信息动态</a></li>
8                <li><a href = "#">新生专栏</a></li>
9                <li><a href = "#">联系我们</a></li>
10               <li><a href = "#">馆长信箱</a></li>
11            </ul>
12    </div>
```

② content 模块。

content 中包括 6 个子块，分别是 c1、c2、c3、c4、c5 和 news。这 6 个子块中的内容是以列表形式显示的，使用无序列表标记表示。

content 盒子的位置如图 8.9 所示的黑色粗线条所覆盖区域。

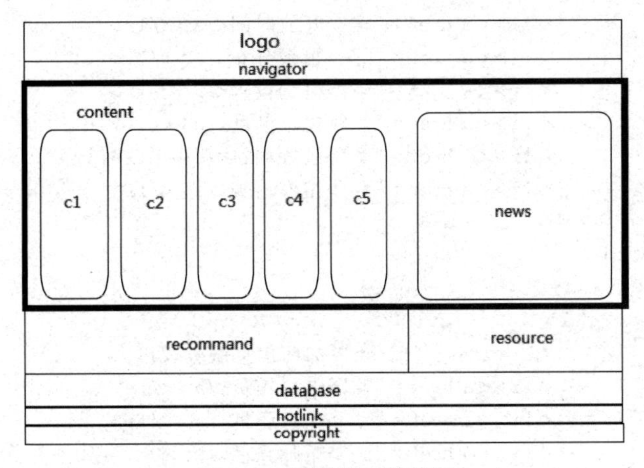

图 8.9　网站首页结构图

content 模块中 c1～c5 盒子的 HTML 代码如下：

```
1 <div id = "c1">
2              <ul>
3                      <li class = "first"> &lt;资源检索</li>
4                      <li><a href = "#">中文数据库</a></li>
5                      <li><a href = "#">外文数据库</a></li>
6                      <li><a href = "#">试用数据库</a></li>
7                      <li><a href = "#">电子图书</a></li>
8                      <li><a href = "#">网络免费资源</a></li>
9                      <li><a href = "#">特色资源</a></li>
10                     <li><a href = "#">自建资源</a></li>
11                     <li><a href = "#">随书光盘</a></li>
12                 </ul>
13             </div>
14             <div id = "c2">
15                 <ul>
16                     <li class = "first"> &lt;读者服务</li>
17                     <li><a href = "#">读者信息查询</a></li>
18                     <li><a href = "#">文献续借</a></li>
19                     <li><a href = "#">文献预约</a></li>
20                     <li><a href = "#">证件管理</a></li>
21                     <li><a href = "#">常见问题</a></li>
22                     <li><a href = "#">外借服务</a></li>
23                     <li><a href = "#">读者教育</a></li>
24                     <li><a href = "#">图书捐赠</a></li>
25                 </ul>
26             </div>
27             <div id = "c3">
28                 <ul>
29                     <li class = "first"> &lt;入馆指南</li>
30                     <li><a href = "#">本馆概况</a></li>
```

```
31                  <li><a href="#">入馆须知</a></li>
32                  <li><a href="#">开放时间</a></li>
33                  <li><a href="#">馆藏分布</a></li>
34                  <li><a href="#">机构设置</a></li>
35                  <li><a href="#">规章制度</a></li>
36                  <li><a href="#">服务项目</a></li>
37                  <li><a href="#">馆容馆貌</a></li>
38              </ul>
39          </div>
40          <div id="c4">
41              <ul>
42                  <li class="first">&lt;信息服务</li>
43                  <li><a href="#">学科馆员</a></li>
44                  <li><a href="#">信息咨询</a></li>
45                  <li><a href="#">馆际互借</li>
46                  <li><a href="#">文献传递</a></li>
47                  <li><a href="#">图书分类</a></li>
48                  <li><a href="#">导读书目</a></li>
49                  <li><a href="#">读书平台</a></li>
50                  <li><a href="#">专家讲座</a></li>
51              </ul></div>
52          <div id="c5">
53              <ul>
54                  <li class="first">&lt;网络导航</li>
55                  <li><a href="#">学科导航</a></li>
56                  <li><a href="#">网上图书馆</a></li>
57                  <li><a href="#">推荐站点</a></li>
58                  <li><a href="#">常用软件</a></li>
59                  <li><a href="#">友情链接</a></li>
60                  <li><a href="#">报刊资源</a></li>
61                  <li><a href="#">馆员天地</a></li>
62              </ul>
63          </div>
```

程序中第 3、16、29、42、54 行出现的字符“<”为转义字符，表示“>”符号。

③ news 模块。

公告栏中的新闻通知信息以项目列表形式显示。模块中的 HTML 代码如下：

```
1  <div id="news">
2          <ul>
3              <li><a href="#">图书馆 2018 年端午节放假通知</a></li>
4
5
6              <li><a href="#">校友著作捐赠仪式在图书馆举行</a></li>
7              <li><a href="#">外文期刊学科服务平台试用通知</a></li>
8
9
10
```

```
11
12                 </ul>
13 </div>
```

④ recommand 模块。

推荐模块的文本信息通过项目列表的形式来展示。recommand 模块中的 HTML 代码如下：

```
1  <div id = "recommend">
2          <div id = "box">
3              <a href = "#"><img src = "img/bgqundong_1.jpg"></a>
4              <a href = "#"><img src = "img/bgqundong_2.jpg"></a>
5              <a href = "#"><img src = "img/bgqundong_3.jpg"></a>
6              <a href = "#"><img src = "img/bgqundong_4.jpg"></a>
7              <a href = "#"><img src = "img/bgqundong_5.jpg"></a>
8          </div>
9  </div>
```

⑤ resource 模块。

资源模块中的文本同样是以项目列表形式展示。模块中的 HTML 代码如下：

```
1  <div id = "resource">
2       <ul>
3              <li><a href = "#">圣马信息数据库 蔚秀报告厅</a></li>
4              <li><a href = "#">维普智立方发现系统(试用)</a></li>
5              <li><a href = "#">维普考试资源(试用)</a></li>
6              <li id = "more"><a href = "#">更多>></a></li>
7    </ul>
8  </div>
```

⑥ database 模块。

数据库模块中包含多个数据库图片，图片以项目列表形式显示。模块中的 HTML 代码如下：

```
1  <div id = "database">
2          <ul>
3              <li><a href = "#"><img src = "img/db1.jpg"></a></li>
4              <li><a href = "#"><img src = "img/db2.jpg"></a></li>
5              <li><a href = "#"><img src = "img/db3.jpg"></a></li>
6              <li><a href = "#"><img src = "img/db4.jpg"></a></li>
7              <li><a href = "#"><img src = "img/db5.jpg"></a></li>
8              <li><a href = "#"><img src = "img/db6.jpg"></a></li>
9          </ul>
10  </div>
```

⑦ hotlink 模块。

hotlink 的 HTML 代码如下：

```
1  <div id="hotlink">
2          <ul>
3              <li><a href="#">中国科技论文在线</a></li>
4              <li><a href="#">中国开放教育资源</a></li>
5              <li><a href="#">国家精品课程</a></li>
6              <li><a href="#">教育网公开课导航</a></li>
7              <li><a href="#">Emerald 电子资源</a></li>
8              <li><a href="#">OA 学术资源</a></li>
9          </ul>
10   </div>
```

⑧ copyright 模块。

copyright 模块的 HTML 代码如下：

```
1  <div id="copyright">
2    版权所有:咸阳师范学院   技术支持:网络管理中心   建议使用 IE7.0
3    以上浏览器   1024×768 以上分辨率
4  </div>
```

此时的网页因为缺少样式定义，位置比较混乱，页面不够美观。

在浏览器窗口中的显示效果如图 8.10 所示。

图 8.10　网页显示效果

2. CSS 样式设计

这里分别为 14 个模块设计样式。

操作步骤：

(1) 通用超链接样式定义。

```
1  a:link{
2            font - size: 13px;
3            color:black;
4            text - decoration: none;}
5  a:hover{
6            text - decoration: underline;}
```

定义超链接伪类别，第1行代码定义了超链接的默认效果，包括文字大小（第2行代码）、文字颜色（第3行代码）、文本修饰（第4行代码）。第5行定义了鼠标悬浮在超链接对象时的效果，设置文本修饰为下画线（第6行代码）。

(2) HTML样式定义。

```
1  html{
2        text - align:center;
3        background - color:rgb(240,240,240);
4        margin:0px;
5        padding:0px;
6        color: #71767a;
7        font - size:13px;}
```

程序中第2行代码定义网页中的所有内容居中对齐，第3行定义网页的背景色为深灰色，第4行定义HTML盒子的外边距为0，第5行定义HTML盒子的内边距为0，第6行定义网页中文字的颜色为中灰色，第7行定义网页文字的大小为13px。

HTML为网页最外层的标记，如果网页中元素未定义样式，则使用HTML选择器中定义的样式。

(3) container容器样式定义。

```
1 #container{
2            width: 950px;
3            margin:0 auto;
4            background - color: white; }
```

程序中第2行代码定义container容器的宽度，第3行定义容器的上下边界为0，左右自适应，即居中显示，第4行定义容器的背景色为白色。

container容器表示页面盒子，网页中的所有用户定义的盒子都嵌套在这个盒子中。在这个盒子的样式中定义了网页内容居中对齐。

(4) Logo样式定义。

```
1 #logo{
2        width: 950px;
3        height:174px;
4        background - image: url("img/logo.jpg");}
```

程序中第 2 行代码定义 Logo 区域的宽度，第 3 行定义 Logo 区域的高度，第 4 行定义 Logo 区域背景图为 logo.jpg。

此时未定义 logo 盒子的定位方式，因为盒子模型默认会独占一行，默认位置已经满足需求。Logo 盒子所在页面的位置如图 8.11 所示的黑色粗线条所覆盖区域。

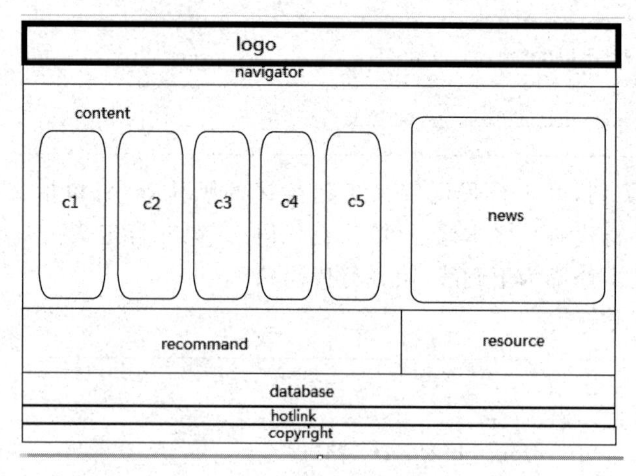

图 8.11　页面结构图

（5）navigator 样式设计。

```
1 #navigator{
2            width:950px;
3            height:40px;
4            background-image:url("img/bgdanghang3.png");
5            background-repeat: no-repeat; }
```

程序中第 2 行代码定义 navigator 的宽度，第 3 行定义 navigator 的高度，第 4 行定义 navigator 盒子的背景图片，第 5 行定义 navigator 背景图不重复。

navigator 盒子位于图 8.11 中 logo 盒子下方，因为 navigator 盒子的默认位置已经满足需求，因此没有设置定位方式。

（6）content 及 c1，c2，…，c5 样式定义。

① 定义 content 的大小及相关属性。

```
1 #content{
2            width:950px;
3            height:346px;
4            background-color: white;}
```

程序中第 2 行代码定义 content 盒子的宽度，第 3 行定义 content 的高度，第 4 行定义 content 的背景颜色。

content 盒子位于图 8.11 中 navigator 盒子下方，因为 content 盒子的默认位置已经满足需求，因此没有设置定位方式。

② 定义 c1 的大小及位置。

```
1  #c1{
2       width: 122px;
3       height:337px;
4       background-image: url("img/bgc1.jpg");
5       float: left;
6       margin-right: 22px;}
```

程序中第 2 行代码定义 c1 的宽度，第 3 行定义 c1 的高度，第 4 行定义 c1 盒子的背景图像，第 5 行定义 c1 左浮动，第 6 行定义 c1 的右侧外边距为 22px。

c1 盒子与其他盒子并列显示在同一行，这与盒子默认的位置不一致(区块盒子默认独占一行)，因此通过左侧浮动方式，设置 c1 浮动在其他盒子左侧，如图 8.12 所示。

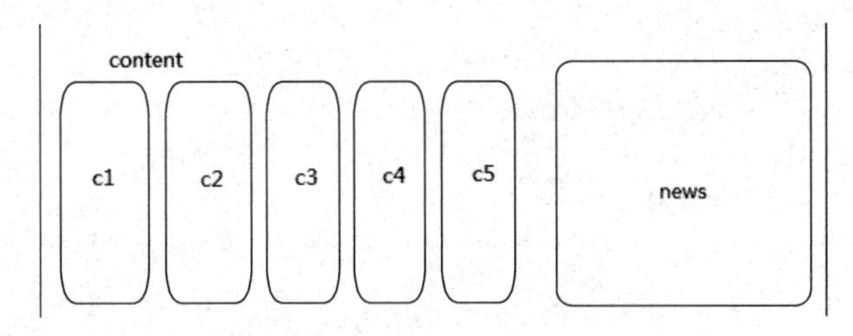

图 8.12　content 盒子中元素结构图

③ 定义 c2 的大小及位置。

```
1  #c2{
2       width: 122px;
3       height:337px;
4       background-image: url("img/bgc2.jpg");
5       float: left;
6       margin-right: 22px;}
```

程序中第 5 行代码定义 c2 盒子为左侧浮动。c2 的浮动方式与 c1 相同，此时 c2 盒子会出现在 c1 的右侧。

④ 定义 c3 的大小及位置。

```
1#c3{
2     width: 122px;
3     height:337px;
4     background-image: url("img/bgc3.jpg");
5     float: left;
6     margin-right: 22px;}
```

程序中第 5 行代码定义 c3 盒子为左侧浮动。c3 的浮动方式与 c1、c2 相同，此时 c3 盒子会出现在 c2 的右侧。

⑤ 定义 c4 的大小及位置。

```
1  #c4{
2        width: 122px;
3        height:337px;
4        background-image: url("img/bgc4.jpg");
5        float: left;
6        margin-right: 22px;}
```

定义 c4 盒子同样为左侧浮动。c4 的浮动方式与 c1、c2 和 c3 相同，此时 c4 盒子出现在 c3 的右侧。

⑥ 定义 c5 的大小及位置。

```
1  #c5{
2        width: 122px;
3        height:337px;
4        background-image: url("img/bgc5.jpg");
5        float: left;
6        margin-right: 4px;}
```

(7) news 样式定义。

```
1  #news{
2          width: 231px;
3          height: 323px;
4          background-image: url("img/bggonggao1.jpg");
5          float: left;
6          margin-left: 10px;
7          padding-top: 50px;
8          padding-left:0px;
9          background-repeat: no-repeat;}
```

定义 news 盒子左侧浮动，盒子的上侧、左侧内边距分别为 50px 和 0px，背景图像不重复。定义 news 盒子同样为左侧浮动。news 的浮动方式与 c1～c5 相同，此时 news 盒子出现在 c5 右侧。

(8) recommand 样式定义。

```
1  #recommand{
2                float:left;
3                width:702px;
4                height:178px;
5                background-image: url("img/bggundong.jpg");
6                margin-top: 8px;
7                background-color: white;}
```

定义 recommand 盒子左侧浮动，盒子的上侧外边距为 8px(第 6 行代码)。recommand 的浮动方式与 c1～c5、news 相同，但是因为父盒子的宽度为 980px，c1～c5 和 news 盒子的总宽度为 122+122+122+122+122+231=841 像素，此时如果再加上 recommand 盒子的宽度，将超过父盒子的宽度，因此 recommand 盒子被挤到下一行显示。recommand 盒子的位置如图 8.13 所示。

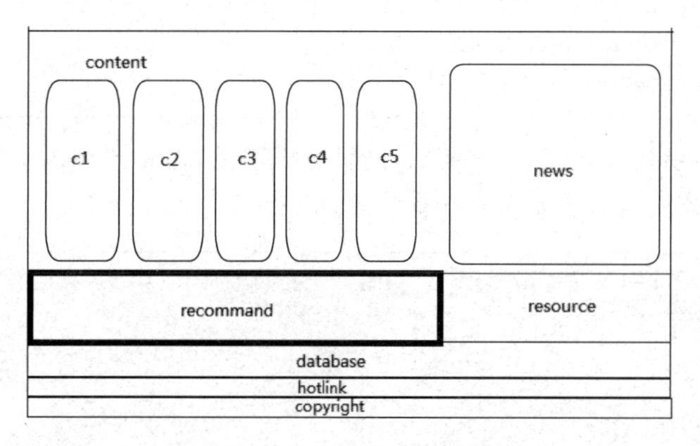

图 8.13　盒子结构图

(9) resource 样式定义。

```
1  #resource{
2              width:221px ;
3              height:186px;
4              background-image: url("img/bgziyuan.jpg");
5              float: right;}
```

定义 resource 盒子的大小(第 2 和第 3 行代码)，背景图像(第 4 行代码)以及相对其他盒子右侧浮动(第 5 行代码)。

resource 盒子右侧浮动，会出现在 recommand 盒子的右侧位置。

(10) database 样式定义。

```
1  #database{
2             clear: both;
3             width: 950px;
4             height: 160px;
5             background-position: 8px 14px;
6             background-image: url("img/bgshujuku1.jpg");
7             background-repeat: no-repeat;}
```

程序中第 2 行代码清除其他盒子对 database 盒子的浮动影响。若不设置清除浮动，database 盒子受浮动的影响会挤到 c1 盒子底部。

(11) hotlink 样式定义。

```
1  #hotlink{
2            width: 930px;
3            height: 43px;
4            background-image: url("img/bgcp.jpg");}
```

hotlink 盒子按照默认定位方式即可。

(12) copyright 样式定义。

```
1  #copyright{
2          color:rgb(163,167,170);
3          padding-top: 10px;}
```

此时网页的显示效果如图 8.14 所示，网页分区清楚，但是区域内部的一些元素位置混乱，需要继续设置模块内部子元素的样式。

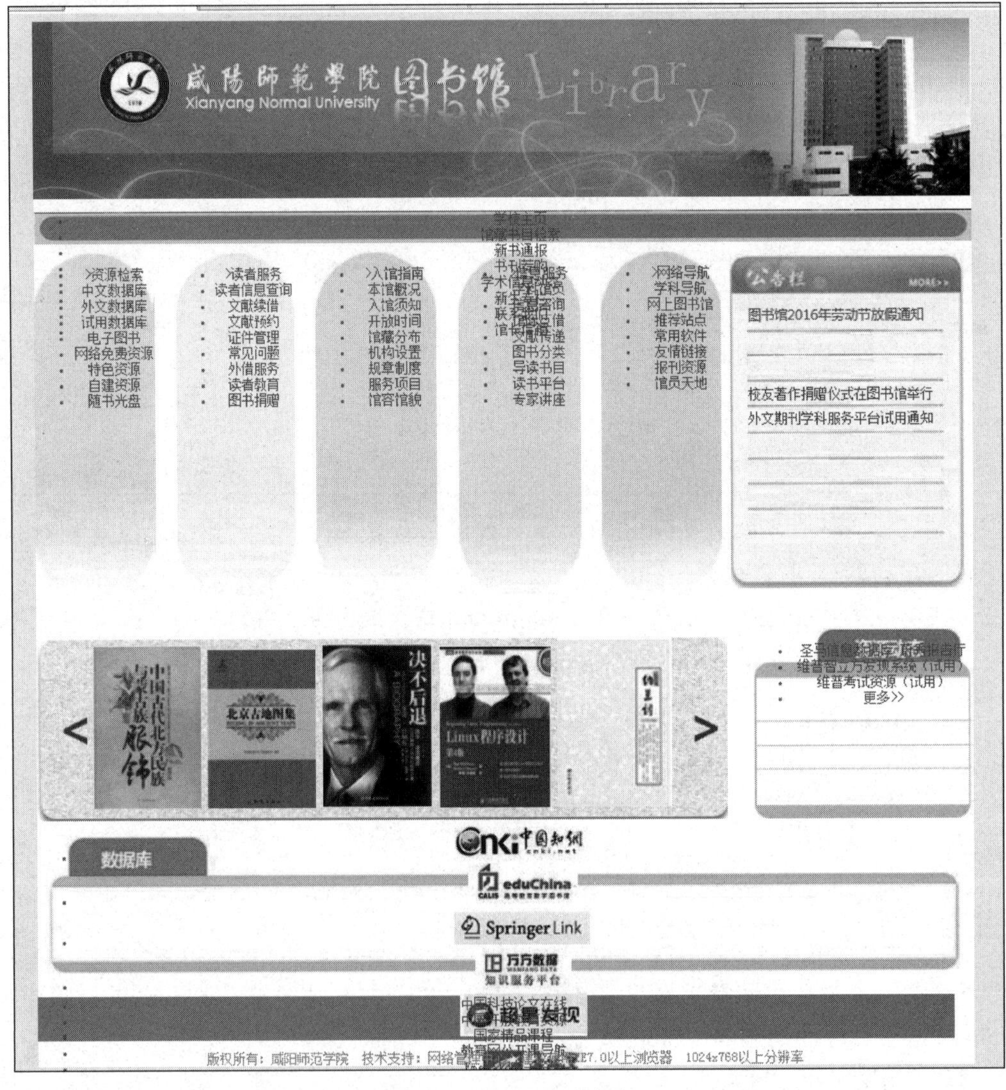

图 8.14　网页显示效果

3. 细节设计

下面分别为模块中的列表项设计样式。

操作步骤如下：

(1) 定义导航条中项目样式。

导航条效果如图 8.15 所示。

学校主页　馆藏书目检索　新书通报　书刊荐购　学术信息动态　新生专栏　联系我们　馆长信箱

图 8.15　导航条效果图

① 定义 ul 列表标记的样式：

```
1  #navigator ul{
2              list-style-type: none;
3              margin: 0;
4              padding: 0;}
```

程序中第 2 行代码设置不显示项目列表符号。

② 定义 li 列表项标记的样式：

```
1  #navigator ul li{
2                  float:left;
3                  color:white;
4                  font-family: 黑体;
5                  font-size: 15px;
6                  width:110px;
7                  height:40px;
8                  padding-top: 6px;}
```

列表项默认垂直显示，第 2 行代码定义项目列表水平显示，第 3～5 行代码分别定义导航条文本的颜色、字体和大小，第 5 和第 6 行代码定义列表项的宽度和高度(列表项 li 也是盒子)，第 8 行代码定义 li 盒子的内边距。

③ 定义项目列表上的超链接样式：

```
1  #navigator ul li a, #navigator ul li a:link{
2      display: block;
3      font-family: 黑体;
4      font-size: 15px;
5      color:white;
6      width:110px;}
```

第 1 行代码同时定义了导航条盒子里列表的超链接样式和默认超链接样式。第 2 行代码定义以区块形式访问超链接。

#navigator ul li a 采用嵌套方式定义样式，表示 id 号为 navigator 的标签里面定义的 ul 标记中 li 的 a 标记。采用逗号连接后面的选择器名称。

④ 定义列表上的鼠标悬停状态下的超链接样式：

```
1  #navigator ul li a:hover{
2      background-color:rgb(37,132,238);
3      color: yellow;
4      height:20px;
5      width:110px;
6      text-decoration: none;}
```

定义导航上的超链接背景颜色、文本颜色、链接区域的宽度高度以及文本修饰效果。

(2) 定义 content 中的项目列表样式。

content 定义样式后的效果如图 8.16 所示。

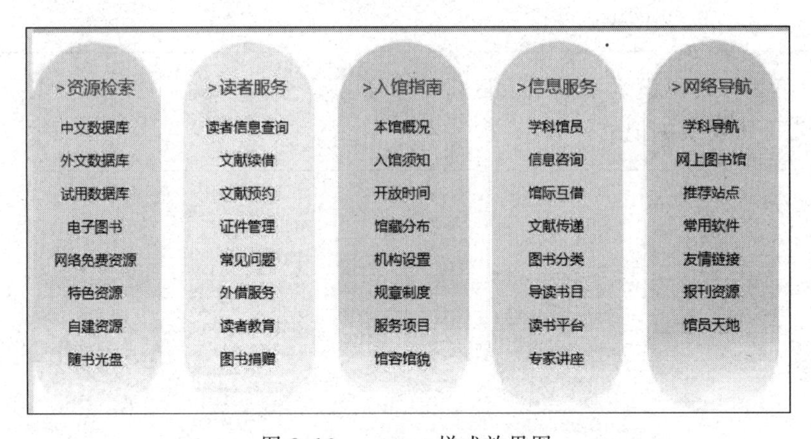

图 8.16 content 样式效果图

① 无序列表默认项目符号是小黑点•，需要去掉这个项目符号。

```
1  #content ul{
2          list-style-type: none;
3          margin: 0;
4          padding: 0;
5          padding-top: 30px;
```

第 2 行代码定义不显示项目列表符号，第 5 行代码定义项目列表上部间距。

② 定义项目列表项 li 样式。

```
1#content ul li{
2    color:#71767a;
3    font-size:14px;
4    font-family: 微软雅黑;
5    height:30px;
6    width:120px;}
```

上述代码定义了 li 文字的颜色(第 2 行代码)、大小(第 3 行)、字体(第 4 行)、列表项的宽度(第 5 行)和高度(第 6 行)。

③ 定义项目列表项的 first 类样式。

```
1 #content ul .first{
2                 color:#5c666f;
3                 font-size:16px;
4                 font-family: 微软雅黑;
5                 width:120px;
6                 height:38px; }
```

定义的样式包括文本颜色(第 2 行代码)、大小(第 3 行)、字体(第 4 行),区块宽度(第 5 行)和高度(第 6 行)。

(3) 定义 news 中的项目样式。

news 效果如图 8.17 所示。

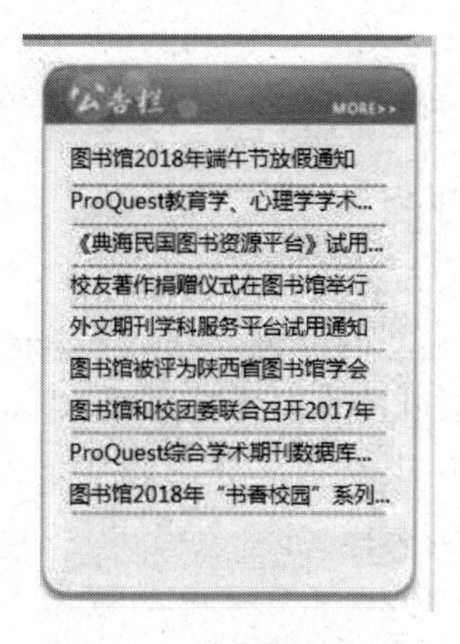

图 8.17　公告栏效果图

news 中的项目样式定义如下:

```
1  #news ul{
2          list-style-type: none;
3          margin: 0;
4          padding: 0;
5  #news ul li{
6          color:#71767a;
7          font-size:13px;
8          width:240px;
9          height:25px;
10         font-family: 微软雅黑;
11         text-align: left;
12         padding-left: 18px;}
```

第 2 行代码定义不显示项目列表符号,第 3 和 4 行代码分别定义外边距和内边距为 0,第 11 行代码定义列表项文字左对齐。

(4) 定义 recommand 中的 box 样式,box 为推荐图书所在的盒子。

定义样式的效果如图 8.18 所示。

图 8.18　推荐图书效果图

在 box 中通过 padding 值调整图书图片距盒子边框的距离。代码如下：

```
1 #box{
2        padding-left:60px;
3        padding-right: 60px;
4        padding-top: 10px;
5        line-height: 178px;
6  #box img{
7        height: 157px; }
8  #box a:hover img{
9        height:160px;}
```

第 2～第 4 行代码分别定义 box 的左侧、右侧、上侧的内边距，第 5 行代码定义盒子中元素的行高、第 6 行代码定义盒子中 img 图片的高度，第 8 行代码定义当鼠标悬浮在图片上时图片的样式。

(5) 定义 resource 中的项目列表样式。

resource 盒子效果如图 8.19 所示。

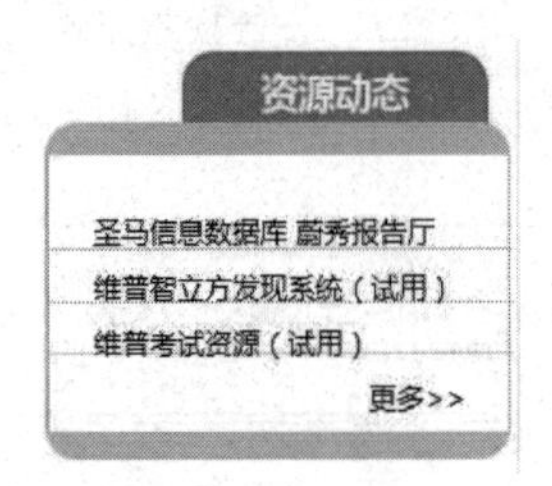

图 8.19　资源动态效果图

```
1   #resource ul{
2                  list-style-type: none;
3                  margin: 0;
4                  padding:74px 0px 0px 0px;   }
5   #resource ul li{
6                  padding-bottom: 8px;
7                  padding-left: 24px;
8                  text-align: left;}
9   #resource #more{
10                 text-align: right;
11                 padding-right: 23px;}
```

程序中第 2 行代码定义 ul 不显示项目列表符号；第 3 行代码定义 ul 外边距为 0；第 4

行定义 ul 的上侧内间距为 74px，其他内间距为 0；第 6 行定义项目列表 li 距底部内边距为 8px，左侧内边距 24px，项目列表文字左对齐；第 9 行定义“更多”文字的样式，文本水平右侧对齐，文字距右边框距离为 23px。

(6) 定义 database 中的项目列表样式。

database 样式显示效果如图 8.20 所示。

图 8.20　数据库效果图

```
1  #database ul{
2              list-style-type: none;
3              margin: 0;
4              padding: 74px 10px 0px 34px; }
5  #database ul li{
6              float: left;
7              padding-right: 28px; }
8  #database ul li a:hover img{
9              border:1px grey solid;}
```

程序中第 3 行定义 ul 盒子外边距为 0，ul 上侧，右侧，下侧，左侧内边距分别为 74、10、0、34px；第 8 行代码定义当鼠标指向图片时图片的样式。

(7) 定义 hotlink 中的项目列表样式。

hotlink 样式显示效果如图 8.21 所示。

中国科技论文在线　中国开放教育资源　国家精品课程　教育网公开课导航　Emerald电子资源　OA学术资源

图 8.21　hotlink 区域效果图

hotlink 项目列表定义如下：

```
1  #hotlink ul{
2              list-style-type: none;
3              margin: 0;
4              padding: 10px 10px 0px 40px; }
5  #hotlink ul li{
6              float: left;
7              width: 140px;
8              color: white;
9              font-family: 黑体; }
```

程序中第 1～第 4 行代码定义了 ul 样式，不显示项目符号(第 2 行)，外边距值和（第 3 行)，上侧、右侧、下侧、左侧内边距(第 4 行值)。第 5～第 9 行定义了 li 的样式，包括列表水平显示(第 6 行)、列表项容器的宽度(第 7 行)、文字颜色(第 8 行)、字体(第 9 行)。

4. 为网页增加 JavaScript 脚本

1）页面载入时显示欢迎访问对话框

（1）创建 JS 文件

在 Sublime Text 中新建 JS 文件，将文件保存到创建的 D：\library\js 文件夹中，将文件命名为 index.js。

（2）为 index.html 设置引文 index.js 文件。

代码如下：

```
1  <head>
2          <title>图书馆网站首页</title>
3          <script type="text/javascript" src="index.js"></script>
4  </head>
```

（3）在 index.js 文件中定义页面载入事件。

代码如下：

```
1  window.onload = function(){
2                      alert("欢迎访问图书馆网站");}
```

程序中第 1 行定义页面载入之后执行匿名函数，第 2 行定义页面载入之后弹出对话框。

2）为 Logo 图片添加鼠标悬停事件

（1）在 index.js 文件中定义 mouseovermethod 函数。

```
1  function mouseovermethod(){
2                      var mydiv = document.getElementById("logo");
3                      alert(mydiv.offsetWidth);}
```

程序中第 3 行代码作用是在对话框中显示 div 的宽度。

（2）在 index.html 中定义鼠标悬停事件。

```
1  <div id="logo" onmouseover="mouseovermethod()">
2  </div>
```

鼠标悬停在 Logo 区域时，在弹出的对话框中显示网页宽度。

8.3.2 项目 2：书刊荐购页面制作

书刊荐购页面制作

1. HTML 页面结构设计

1）创建 HTML 文件

在 Sublime Text 中新建一个 HTML 文件，将文件保存到 D：\library\skjg 文件夹，将网页文件命名为 skjg.html。

2）设计网页布局

为了和网站首页风格保持一致，栏目页面采取了相似的�字形布局风格，栏目页面的上部（Logo 和导航）、下部（版尾）与首页完全一致，内容版块分为左右两个

分区。

3）实现网页布局

HTML 文件中定义分区模块，分别为 container、logo、navigator、content、left、right 和 copyright 区域。

分区定义 HTML 代码如下：

```
1  <!DOCTYPE html>
2  <html><head>
3    <title>图书馆网站内页</title>
4    <link rel = "stylesheet" type = "text/css" href = "subindex.css"/>
5  </head>
6  <body>
7    <div id = "container">
8        <div id = "logo"></div>
9        <div id = "navigator">
10           <ul>
11               <li><a href = "#">学校主页</a></li>
12               <li><a href = "#">馆藏书目检索</a></li>
13               <li><a href = "#">新书通报</a></li>
14               <li><a href = "#">书刊荐购</a></li>
15               <li><a href = "#">学术信息动态</a></li>
16               <li><a href = "#">新生专栏</a></li>
17               <li><a href = "#">联系我们</a></li>
18               <li><a href = "#">馆长信箱</a></li>
19           </ul>
20       </div>
21       <div id = "content">
22           <div id = "left"></div>
23           <div id = "right"></div>
24       </div>
25       <div id = "copyright">
26     版权所有:咸阳师范学院   技术支持:网络管理中心   建议使用
27     IE7.0 以上浏览器   1024x768 以上分辨率
28       </div>
29     </div>
30   </body></html>
```

4）为 content 模块填充网页元素

(1) left 子模块中添加垂直导航。

```
1 <div id = "left">
2               <ul>
3                   <li>资源检索</li>
4                   <li id = "list">
5                       <a href = "#">中文</a><a href = "#">外文</a>
6                       <a href = "#">试用</a>
7                   </li>
8                   <li>读者服务</li>
```

```
9                   <li id="list">
10                      <a href="#">查询</a><a href="#">续借</a>
11                      <a href="#">预约</a>
12                  </li>
13                  <li>入馆指南</li>
14                  <li id="list">
15                      <a href="#">概况</a><a href="#">须知</a>
16                      <a href="#" style="width:70px">开放时间</a>
17                  </li>
18                  <li>信息服务</li>
19                  <li id="list">
20                      <a href="#" style="width:70px">信息咨询</a>
21                    <a href="#" style="width:70px">文献传递</a>
22                  </li>
23                  <li>网络导航</li>
24                  <li id="list">
25                      <a href="#" style="width:80px">网上图书馆</a>
26                      <a href="#" style="width:70px">馆员天地</a>
27                  </li>
28              </ul>
29          </div>
```

(2) right 模块中添加表单控件。

添加的表单控件:

① 表单域标记<form>,设置 action、method、name 属性。

② 文本框控件<input type="text">,设置 placeholder、name 属性。

③ 日期控件<input type="date">,设置 name、required 属性。

④ 单选按钮控件<input type="radio">,设置 name、value 属性。

⑤ E-mail 控件<input type="email">,设置 name、value 属性。

⑥ 文本域控件<textarea></textarea>,定义 name、placeholder 属性。

⑦ 按钮控件<button></button>,定义 name、id 属性。

⑧ 为了便于控制表单元素的位置,通过<table>定位。

right 模块完整代码如下:

```
1  <div id="right">
2        <div>书刊荐购单</div>
3            <form action="" method="post" name="booksuggetion">
4                <table  width="80%" cellpadding="0" cellspacing="0">
5                    <tr>
6                        <td>书刊提名: * </td>
7                        <td>
8                            <input type="text" placeholder="书刊名称" name="bookname">
9                        </td>
10                   </tr>
11                   <tr>
12                       <td>作者/责任者: * </td>
```

```
13                    <td>
14                        <input type="text" placeholder="作者" name="authorname">
15                    </td>
16                </tr>
17                <tr>
18                    <td>出版社: * </td>
19                    <td>
20                        <input type="text" placeholder="出版社" name="authorname">
21                    </td>
22                </tr>
23                <tr>
24                    <td>出版日期:</td>
25                    <td>
26                        <input type="date" name="publishdate"  required />
27                    </td>
28                </tr>
29                <tr>
30                    <td> ISBN/ISSN: * </td>
31                    <td>
32                        <input type="text" placeholder="ISBN/ISSN:" name="isbn">
33                    </td>
34                </tr>
35                <tr>
36                    <td>类别:</td>
37                    <td>
38                        <input type="radio"  name="type"  value="book">图书
39                        <input type="radio"  name="type"  value="periodicals">期刊
40                        <input type="radio"  name="type" value="newspaper">报纸
41                    </td>
42                </tr>
43                <tr>
44                    <td>推荐者姓名: * </td>
45                    <td>
46                    <input type="text" placeholder="推荐者姓名" name=
                  "recommendednames">
47                    </td>
48                </tr>
49                <tr>
50                    <td> Email:</td>
51                    <td>
52                        <input type="email" placeholder="电子邮箱地址" name="email">
53                    </td>
54                </tr>
55                <tr>
56                    <td>推荐原因:</td>
57                    <td>
58                        <textarea placeholder="推荐原因" name="reason"></textarea>
59                    </td>
60                </tr>
```

```
61                  <tr>
62                      <td colspan = "2">
63                          <input type = "submit" name = "提交" id = "submit">
64                          <input type = "reset" value = "重置" id = "reset">
65                      </td>
66                  </tr>
67                  </table>
68              </form>
69          </div>
70      </div>
```

网页在浏览器中的显示效果如图 8.22 所示。

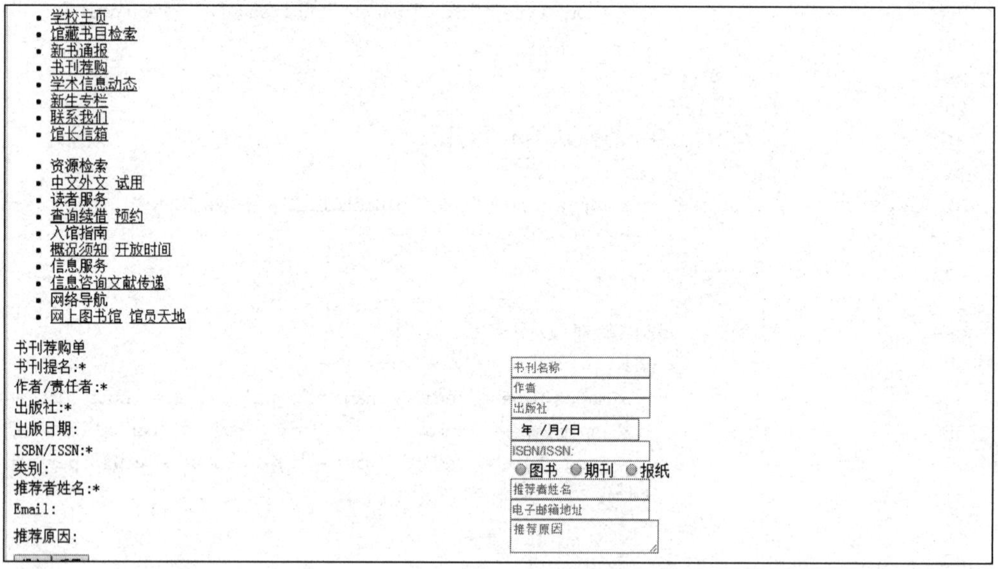

图 8.22　网页预览图

2. CSS 样式设计

HTML 样式、container 样式、Logo 样式和 navigator 样式与首页中样式定义一致。

1）HTML 样式定义

HTML 样式定义如下：

```
1  html{
2      text - align: center;
3      background - color: rgb(240,240,240);
4      margin:0px;
5      padding: 0px;
6      color:#71767a;
7      font - size:13px; }
```

程序中定义了 html 标签选择器，设置网页中的文本居中对齐（第 2 行）、网页中文字的颜色（第 6 行）和文字的大小（第 7 行），定义网页背景色（第 3 行）、HTML 盒子外边距（第 4

行)和内边距(第 5 行)。

2) container 容器样式定义

```
1   #container{
2               width: 950px;
3               margin:0 auto;
4               background - color: white;}
```

上述代码中定义了 container 容器的宽度(第 2 行),容器的上下边界为 0,左右则自适应,即容器在 body 中水平居中显示(第 3 行),定义容器的背景色为白色(第 4 行)。

3) Logo 样式定义

Logo 为网页的徽标区域,Logo 样式定义如下:

```
1   #logo{
2         width: 950px;
3         height:174px;
4         background - image: url("img/logo.jpg");}
```

代码中定义了 logo 的样式,定义 logo 区域的宽度是 950px(第 2 行),定义 logo 区域的高度 174px(第 3 行),定义 logo 区域背景图为 logo.jpg(第 4 行)。

4) navigator 样式定义

navigator 表示网页的导航区域,这个区域样式定义如下:

```
1   #navigator{
2               width:950px;
3               height:40px;
4               background - image: url("img/bgdanghang3.png");
5               background - repeat: no - repeat; }
```

第 2～第 3 行分别定义了 navigator 盒子的宽度和高度,第 4 行定义 navigator 的背景图,第 5 行定义 navigator 背景图不重复。

5) content 样式定义

content 是网页主体区域,在 content 样式中定义了这个区域的宽度和高度,content 样式定义如下:

```
1   #content{
2             width:950px;
3             height:680px;}
```

6) left 样式设计

left 样式中定义了容器的宽度和高度(第 2 和第 3 行)、边框样式(第 4 行),外边距(第 5 和第 6 行)、浮动方式(第 7 行)及背景颜色(第 8 行)。

```
1#left{
2   width:200px;
```

```
3    height: 370px;
4    border:1px solid grey;
5    margin-top: 2px;
6    margin-left:10px;
7    float:left;
8    background-color: white;}
```

7) right 样式设计

right 样式中定义了容器的浮动方向(第 2 行)、宽度和高度(第 3 和第 4 行)、上边距值(第 5 行)、边框属性(第 6 行)及背景颜色(第 7 行)。

```
1  #right{
2          float:right;
3          width:700px;
4          height:680px;
5          margin-top:20px;
6          border: 1px solid grey;
7          background-color: white;}
```

8) copyright 样式定义

copyright 样式中定义了清除浮动(第 2 行)、文字颜色(第 3 行)、外边距值(第 4 行)、内边距值(第 5 行)、背景颜色(第 6 行)、盒子高度(第 7 行)。

```
1  #copyright{
2              clear: both;
3              color:white;
4              margin-top: 60px;
5              padding-top: 10px;
6              background-color: rgb(39,132,236);
7              height: 30px;}
```

3. 细节样式设计

下面分别为模块中的列表项设计样式。

操作步骤:

(1) 定义导航条中项目样式,具体做法与首页的导航样式一致。

① 定义 ul 列表标记的样式:

```
1  #navigator ul{
2                  list-style-type: none;
3                  margin: 0;
4                  padding: 0;}
```

第 2 行定义不显示项目列表符号。

② 定义 li 列表项标记的样式：

```
1 #navigator ul li{
2               float:left;
3               color:white;
4               font - family: 黑体;
5               font - size: 15px;
6               width:110px;
7               height:40px;
8               padding - top: 6px; }
```

上述代码分别定义了 li 项目列表水平显示、导航文字的颜色、字体、文字大小、列表盒子的宽度、列表盒子的高度及盒子内边距。

③ 定义项目列表上的超链接样式：

```
1  #navigator ul li a, #navigator ul li a:link{
2               display: block;
3               font - family: 黑体;
4               font - size: 15px;
5               color:white;
6               width:110px;}
```

第 2 行代码定义以区块形式访问超链接。

④ 定义列表上的鼠标悬停状态下的超链接样式：

```
1  #navigator ul li a:hover{
2             background - color:rgb(37,132,238);
3             color: yellow;
4             height:20px;
5             width:110px;
6             text - decoration: none;}
```

（2）定义 content 中的项目列表。

content 中的 ul,li 样式定义如下：

```
1  #content ul{
2             list - style - type: none;
3             margin: 0;
4             padding: 0;
5             padding - top: 30px;}
6  #content ul li{
7             color: #5899c1;
8             font - size:15px;
9             width:120px;
10            height:30px;
11            font - family: 微软雅黑;
12            font - weight: bolder;}
```

（3）定义 left 的项目样式。

定义样式之后的 left 区域的显示效果如图 8.23 所示。

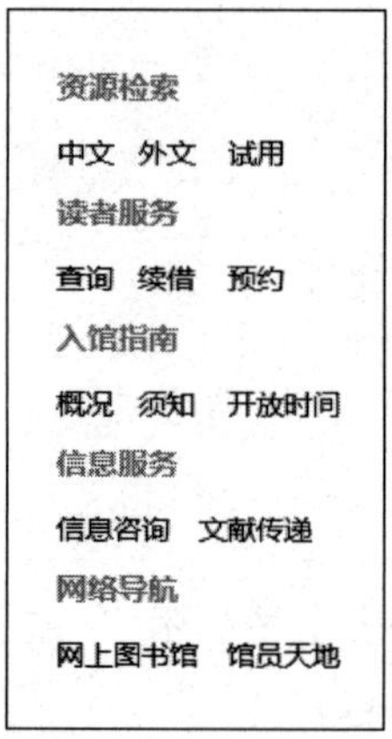

资源检索
中文 外文 试用
读者服务
查询 续借 预约
入馆指南
概况 须知 开放时间
信息服务
信息咨询 文献传递
网络导航
网上图书馆 馆员天地

图 8.23 left 分区效果图

left 区域的垂直导航样式定义如下：

```
1  #left #list{
2              width: 180px;
3              padding-left: 30px;
4              text-align: left;}
5  #left #list a{
6              display: inline-block;
7              width:40px;
8              text-decoration: none;
9              color:black;
10             font-size: 14px;
11             font-weight:normal;}
```

(4) 定义 right 样式。

right 盒子效果如图 8.24 所示。

操作方法如下：

① 定义表单上方的“书刊荐购单”文字样式：

```
1  #right #righttitle{
2              padding-top: 20px;
3              font-family: "microsoft yahei";
4              font-size: 16px;
5              font-weight: bolder;}
```

② 定义布局表格样式：

```
1  #right table{
2              margin:20px 40px 20px 40px;
3              padding: 0px;
4              font-size:14px;    }
```

图 8.24　书刊荐购效果图

③ 定义表格行样式：

```
1 #right table tr{
2                  height: 60px;
3                  text-align: right;
4                  font-weight: bolder;}
```

④ 定义表格单元格样式：

```
1  #right table td{
2                    border: 1px solid rgb(221,221,221);
3                    padding-right: 8px;}
```

⑤ 定义 tdtwo 样式：

```
1  #right table tr #tdtwo{
2                            text-align: left;
3                            padding-left: 20px;}
```

⑥ 定义 tdtwo 中 input 元素样式：

```
1  #tdtwo input{
2              width:90%;
3              height: 24px;
4              border:1px solid rgb(200,200,200);}
```

⑦ 定义 tdtwo 中 textarea 元素样式：

```
1  #tdtwo textarea{
2                width:90%;
3                height: 60px;
4                border:1px solid rgb(200,200,200);}
```

⑧ 定义 tdthree 样式：

```
1  #right table tr #tdthree{
2              text-align: left;
3              padding-left: 20px;}
```

⑨ 定义 tdthree 的 input 样式：

```
1  #tdthree input{
2              width:12px;  }
```

⑩ 定义 tdfour 样式：

```
1  #tdfour{
2            text-align:center;}
```

⑪ 定义 tdfour 的按钮样式：

```
1  #tdfour #submit,#reset{
2              width:140px;
3              height:34px;
4              margin-right: 20px;
5              border:1px solid rgb(200,200,200);
6              font-family: "microsoft yahei";
7              letter-spacing: 1em;}
```

第 5 行代码定义了按钮边框属性，第 7 行定义字符之间的间距。

(5) 定义 copyright 样式。

```
1  #copyright{
2              clear: both;
3              color:white;
```

```
4              margin - top: 60px;
5              padding - top: 10px;
6              background - color: rgb(39,132,236);
7              height: 30px;}
```

第 2 行代码定义了清除 float 浮动的影响。

4. JavaScript 表单验证

用户在输入 ISBN 信息时,必须按照 ISBN 格式书写。ISBN 有两种写法,一种是有"-";另一种不含"-"。无论是否含短线,ISBN 中的字符加数字总长度为 13 位。在用户提交信息之后必须进行合法性验证,验证通过之后才向服务器发送请求。

为表单添加 onsubmit 提交事件,调用 toCheck 函数检查数据合法性,当返回为真则提交,否则不提交表单。

```
<form action = "http://www.baidu.com" method = "post" id = "booksuggetion" onsubmit = "return
toCheck();">
```

toCheck 函数算处理流程如下:

(1) 提取表单上 ISBN 文本框上用户输入的值。

(2) 使用分隔函数,按照"-"进行分隔,分隔的结果是多个字符串构成的字符串数组。例如,12-34 经过分隔之后为{"12","34"}。

(3) 如果数组不为空,遍历数组中每个元素,统计元素的总长度。

(4) 如果总长度为 13,则说明用户输入符合 ISBN 规则,返回 true。

(5) 如果数组为空,说明用户输入的 ISBN 不含"-",如果此时 ISBN 的长度为 13,则返回 true。

(6) 其他情况都返回 false。

toCheck 函数的定义:

```
1  function toCheck(){
2         var isbn = document.getElementById("ISBN").value;
3         var s = isbn.split(" - ");
4         var i,number = 0;
5         if(s!= null){
6             for (i = 0; i < s.length; i++) {
7                       number += s[i].length; }
8             if (number == 13) {
9                       alert("提交");
10                      return true;     }
11            else {
12                    alert("ISBN 由 13 位数字组成!");
13                    document.getElementById("ISBN").value = "";
14                    document.getElementById("ISBN").focus();
15                    return false;}
16            }
17        else{
```

```
18              if (isbn.length == 13) {
19                  alert("提交");
20                  return true; }
21              else{
22                  alert("ISBN 由 13 位数字组成!");
23                  document.getElementById("ISBN").value = "";
24                  document.getElementById("ISBN").focus();
25                  return false;}   }}
```

第 2 行代码提取用户输入的 ISBN 数据；第 3 行将获取的 ISBN 值进行"-"分隔，分隔以后会以数组形式存放结果；第 4 行利用变量 number 统计除"-"以外数字字母的长度；第 5 行判断数组是否为空，为空则说明 ISBN 中不存在"-"；第 6 行遍历数组中每个元素，依次统计每个元素的长度，进行累加，得到总长度；第 8 行如果 number 为 13，则说明用户输入的符合规则；第 23 行将 ISBN 置为空，同时 ISBN 输入框获得焦点。

8.4 网站测试和发布

1. 网站测试

网站制作好之后需要检查是否存在错误链接以及网页在不同浏览器之间兼容性。

2. 网站发布

1）域名申请

网站测试和发布

很多公司提供免费空间，免费域名空间不用支付费用，但是限制比较多，如空间容量小、必须使用二级域名等。所以，如果要建设比较规范的专题网站，最好通过购买主机获取空间。

不论是以哪种方式获取虚拟空间，都会得到一个 FTP 主机的 IP 地址、登录账号、登录密码和访问空间的域名。

注册域名申请界面如图 8.25 所示。申请免费域名之后，就可以将网页上传到网络。这里已经在 3v 网站(URL 为 http://free.3v.do/)上申请到免费空间，得到的 FTP 主机 IP 地址为 180.178.58.46，登录账号是 mminnaliu，主页地址是 http://mminnaliu.svfree.net。

2）上传服务器

(1) 设置 FTP 站点空间。

操作步骤：

① 在"文件"面板中，打开"站点管理"下拉列表框，选择"管理站点"选项，打开"管理站点"对话框，如图 8.26 所示。

② 在"站点列表"中双击"图书馆网站"项，此时打开"站点设置对象"对话框。在对话框左侧选择"服务器"，打开"站点设置"对话框。

③ 单击左下角添加新服务器按钮[+]，可设置服务器的参数，FTP 地址中输入 180.178.58.46；输入用户名和密码，单击"测试"按钮，如果成功弹出了图 8.22 中的消息框，说明可以访问远程的 FTP 服务器的站点空间。

studio free.3v.do

100M永久免费空间申请

free.3v.do 为您提供高品质免费空间

新年快乐

免费注册

注册即可获得免费体验空间

首页 免费注册 新闻中心 免费空间 香港空间 高防空间 主页列表 网站排行 支付方式

当前位置 » 会员注册

第一步 请认真填写以下注册信息,务必使用IE浏览器,否则可能无法正常注册!

帐号信息

用户名: lmn123 * ✔ 该用户名可以注册!

密码安全性: 低

密 码: •••••• * (6-12位,区分大小写)

确认密码: •••••• *

密码问题: 我就读的第一所学校的名称? ▼ *

您的答案: 黄陂二小 * (2-20位)

免费空间第 6 服务器

基本资料

真实姓名: 刘敏 * (2-4位)

性 别: 女 ▼ *

出生日期: 1981-12-15 *

QQ号码: 40228066 * (5-11位数字)

电子邮箱: 40228066@qq.com * (用来接收您的帐号信息及密码)

网站信息

网站名称: 图书馆 * (2-8位)

网站分类: 教育学习 ▼ *

网站介绍: 图书馆网站提供在线查询,在线预约借书等功能 (建议5-60字))

递交 重填

图 8.25 注册会员

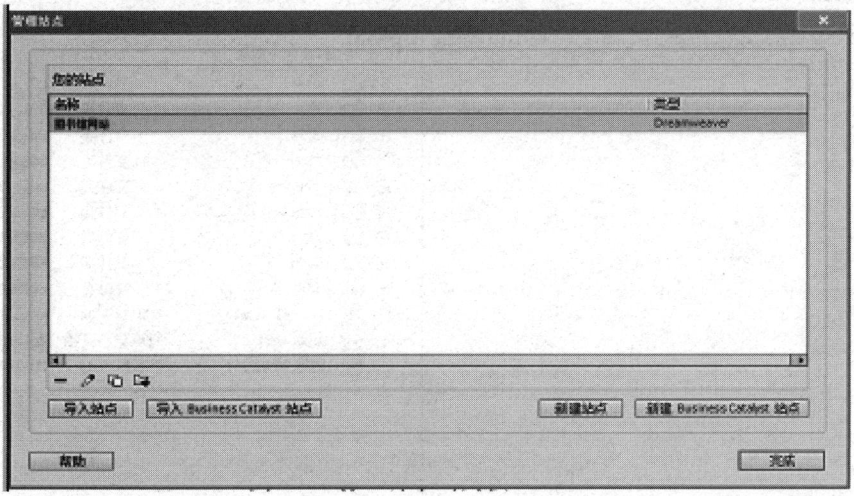

管理站点

您的站点

名称	类型
图书馆网站	Dreamweaver

导入站点 导入 Business Catalyst 站点 新建站点 新建 Business Catalyst 站点

帮助 完成

图 8.26 “管理站点”对话框

④ 单击“保存”按钮来保存设置。此时,站点的 FTP 站点空间设置完成。

(2) 上传网页。

操作步骤:

(1) 在“文件”面板中，单击文件列表中的第一项，选中整个站点，如图 8.27 所示。

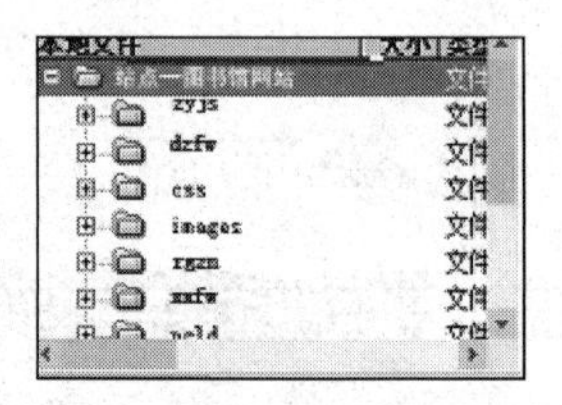

图 8.27 选中整个站点

(2) 右击，在弹出的快捷菜单中选择“上传”选项，这时 Dreamweaver 就会将图书馆网站上传到域名空间。

(3) 等待片刻，站点上传结束。打开浏览器窗口，在地址栏中输入 http://mminnaliu.svfree.net/index1.html 后，就可以浏览图书馆网站。

8.5 维护站点

在站点运行时，需要定期更新其中的内容，这就涉及站点的维护。通常一个小型的站点由一个人就可以完成维护了，但是大型的网站可能需要多个人员共同完成维护工作。

维护可以分成两个部分：更新页面和维护站点。

1. 更新远程站点上的页面

更新远程站点上的页面，先下载需要更新的页面，修改页面，然后上传页面。以“书刊荐购”栏目的首页为例进行更新操作。

操作步骤：

(1) 单击“文件”面板上的扩展按钮 。看到如图 8.28 所示的窗口。在窗口中，左侧是远程站点空间的文件列表；右边是本机文件列表。

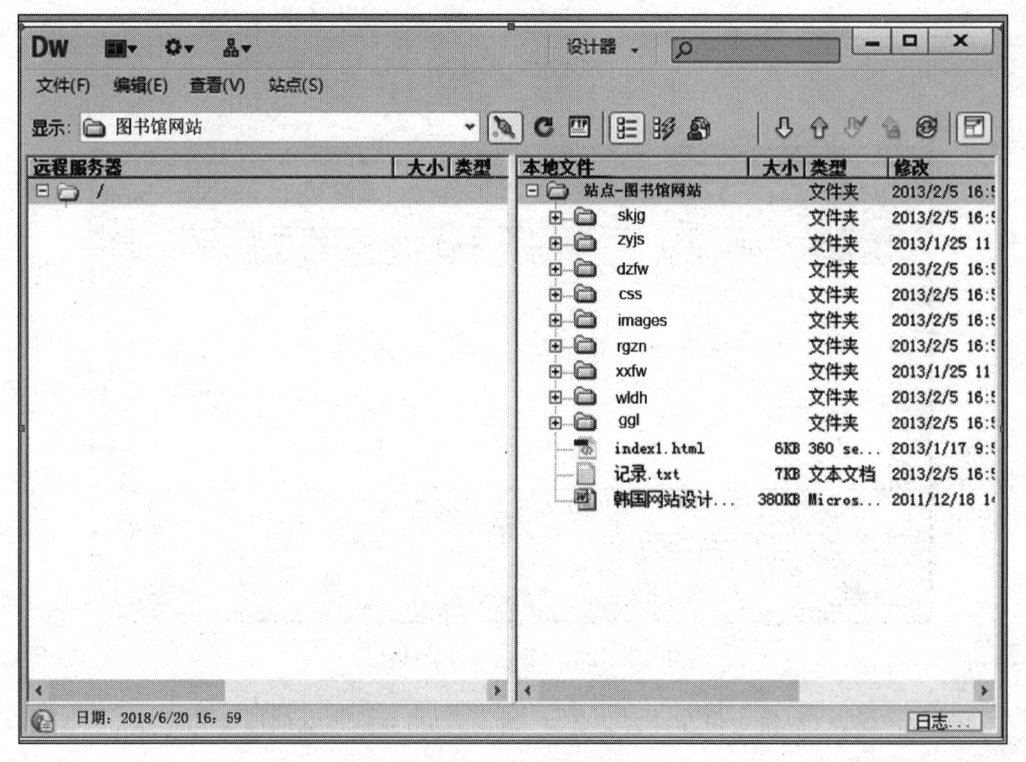

图 8.28 站点管理窗口

(2) 单击工具栏上的连接按钮，这时 Dreamweaver 会连接上远程的站点空间，在远端文件列表中会出现远程站点空间上的所有文件夹和文件。

(3) 单击远端文件列表 skjg 文件夹左边的"＋"，展开该文件夹。选中该文件夹中的 index. html 文件，单击工具栏上的下载按钮，弹出一个对话框询问下载时是否要包含相关的文件，单击"否"按钮，"书刊荐购"栏目首页会下载并覆盖计算机中原来的页面。

(4) 双击本地文件列表中 skjg 文件夹里的 index. html 文件，此时可以在本地编辑该网页并保存网页。

(5) 编辑之后，单击"文件"面板上的扩展按钮，回到"站点维护"窗口，选中本地文件列表中的 skjg 文件夹里的 index. html 文件。单击工具栏上的上传按钮，此时会弹出一个对话框，询问上传时是否要包含相关的文件。单击"否"按钮，"书刊荐购"栏目页面就会上传并覆盖远程站点空间里面的"书刊荐购"页面了。

完成了维护页面的工作，如果还要维护其他的页面，使用同样的方法，先下载要维护的页面，然后修改，最后上传到远程站点空间。

2. 多人维护站点

对于大型的网站经常是多个人同时维护，一般是每个人分别负责不同的栏目，但是栏目之间是有联系的，修改了一个页面往往会涉及其他人负责的页面，造成维护的复杂性。使用 Dreamweaver 可以解决这个问题。

操作步骤：

(1) "文件"面板上打开"站点管理"下拉列表框，选择"管理站点"选项打开"管理站点"对话框。在站点列表中，双击"图书馆网站"站点，此时打开"站点设置对象"对话框。在对话框左侧选择"服务器"，在右侧远程服务器列表中可以看到之前定义的远程服务器。

(2) 双击远程服务器，在打开的"远程服务器设置"对话框中，单击"高级"按钮。在打开的对话框中选中"启用文件取出功能"复选框，设置"取出名称"，"电子邮件地址"栏可以不设置，单击"确定"按钮，此时启用了 Dreamweaver 的多人维护站点功能。

(3) 选择远端文件列表需要修改的页面，单击工具栏上的"取出"按钮。选中的文件被下载到本地计算机，并在该文件图标的后面会出现绿色的对勾，表示该文件被"取出"了，其他人不能修改此文件。

(4) "取出"的页面修改好之后，单击工具栏上的存回按钮，页面就上传到远程站点空间并解除文件的锁定，此时其他人就可以对页面进行修改了。

第9章 Web 前端开发实验

9.1 HTML 操作

【实验目标】

- 掌握 HTML 结构标记使用方法；
- 熟悉文字格式、标题、段落、超链接、水平线等标记的应用；
- 熟悉表格标记、表单的使用方法和属性的设置。

9.1.1 实验1 段落标记应用

在新建的 HTML 文件中完成如图 9.1 所示的网页。

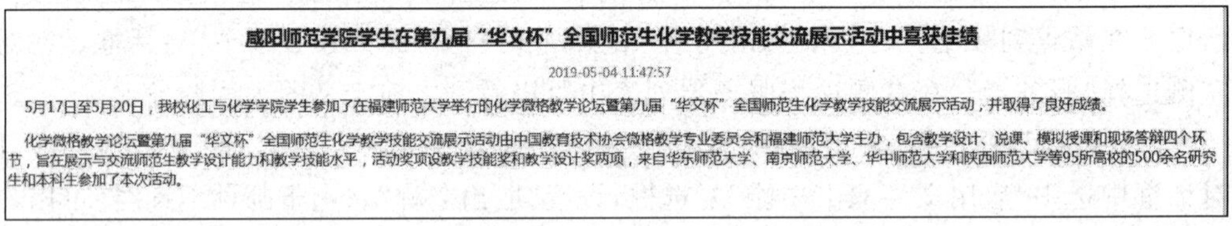

咸阳师范学院学生在第九届“华文杯”全国师范生化学教学技能交流展示活动中喜获佳绩

2019-05-04 11:47:57

5月17日至5月20日，我校化工与化学学院学生参加了在福建师范大学举行的化学微格教学论坛暨第九届“华文杯”全国师范生化学教学技能交流展示活动，并取得了良好成绩。

化学微格教学论坛暨第九届“华文杯”全国师范生化学教学技能交流展示活动由中国教育技术协会微格教学专业委员会和福建师范大学主办，包含教学设计、说课、模拟授课和现场答辩四个环节，旨在展示与交流师范生教学设计能力和教学技能水平，活动奖项设教学技能奖和教学设计奖两项，来自华东师范大学、南京师范大学、华中师范大学和陕西师范大学等95所高校的500余名研究生和本科生参加了本次活动。

图 9.1 网页效果图

【实验内容及要求】

（1）新建网页文件，添加如图 9.1 所示的文字。

（2）使用 h2 标题标记定义主标题文字，使用文字格式标记设置标题颜色为＃006600，文字居中对齐，副标题颜色为＃999，居中对齐。

（3）正文字体为微软雅黑，字号 4 号，颜色＃333。

（4）对标题文字设置超链接，链接地址为 http://news.xync.edu.cn/p/c/47619.htm。

【实验分析】

（1）基本结构分析。

网页基本结构标记：

```
1  <html>
2  <head>
3      <title></title>
4  </head>
5  <body></body>
6  </html>
```

head 表示网页的头部信息，网页中的主要内容是在 body 标记中定义。

(2) 网页中的标记及属性定义。

① 标题 h2 标记定义：

```
<h2></h2>
```

② 文字格式 font 标记定义：

```
<font color="" face="" size=""></font>
```

③ 段落格式<p>标记定义：

```
<p align="">
```

④ 空格定义：

```
 
```

⑤ 超链接<a>标记定义：

```
<a href="">超链接文字</a>
```

【实验步骤】

(1) 添加 HTML 文件的页面结构标记。

(2) 添加文字信息。

(3) 为网页元素设置格式。

设置正文标题格式：

```
<h2 align="center">我校学生在第九届"华文杯"全国师范生化学教学技能交流展示活动中喜获
佳绩</h2>
```

设置正文文字格式：

```
<font face="微软雅黑" size="4" color="#333">正文文本…</font>
```

添加超链接标记：

```
<h2 align="center">
<a href="http://news.xync.edu.cn/p/c/47619.htm">我校学生在第九届"华文杯"全国师范生化
学教学技能交流展示活动中喜获佳绩
</a>
</h2>
```

9.1.2 实验 2 列表标记应用

【实验内容及要求】

使用有序列表标记和 img 标记完成如图 9.2 所示的网页。

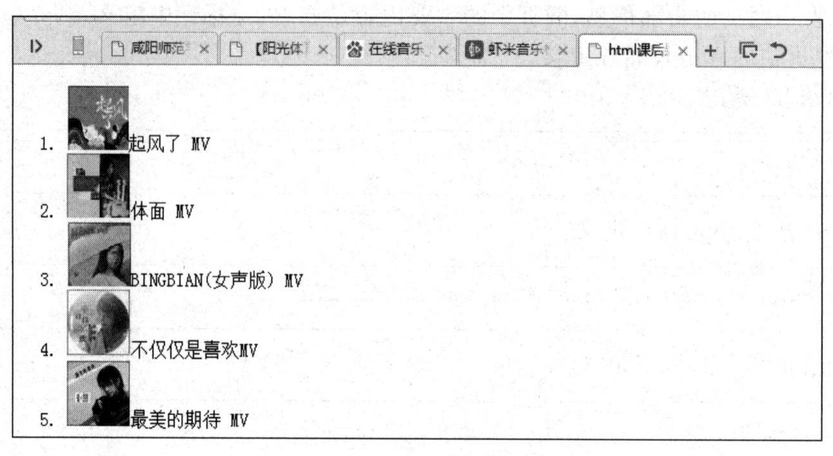

图 9.2 列表标记应用效果图

【实验分析】

(1) 页面结构分析。

网页主体部分是由有序列表标记定义的图像和文本。

(2) 元素分析。

有序列表标记:

```
<ol><li></li></ol>
```

图像标记:

```
<img src=""/>
```

【实验步骤】

(1) 添加 HTML 的页面结构标记。

(2) 添加有序列表标记。

```
<ol>
<li>起风了 MV</li>
<li>体面 MV</li>
 ⋮
</ol>
```

(3) 列表项中添加图像标记。

```
<ol>
      <li><img src="images/t11.jpg"/>起风了 MV</li>
      <li><img src="images/t12.jpg"/>体面 MV</li>
       ⋮
</ol>
```

9.1.3 实验3 表格标记应用

【实验内容及要求】

使用HTML表格标记制作如图9.3所示课程表。

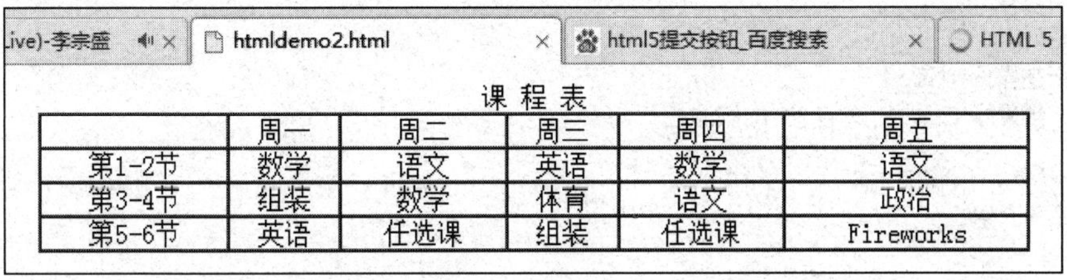

课 程 表

	周一	周二	周三	周四	周五
第1-2节	数学	语文	英语	数学	语文
第3-4节	组装	数学	体育	语文	政治
第5-6节	英语	任选课	组装	任选课	Fireworks

图9.3 表格标记应用效果图

【实验分析】

(1) 页面结构分析。

网页主体部分是4行6列的表格。

(2) 元素分析。

表格标记定义：

```
<table>
<caption></caption>
<tr>
<td></td>
</tr>
</table>
```

<table>标记定义表格，<caption>标记定义表格标题，<tr>标记定义表格中的行，<td>标记定义单元格。

【实验步骤】

(1) 添加HTML页面结构标记。

(2) 添加表格标记。

(3) 为表格标记设置居中对齐、宽度、边框粗细、单元格内间距、单元格间距等属性。

```
<table border = "1" width = "600px" cellpadding = "0" cellspacing = "0" align = "center">
```

(4) 在<td>标记中输入文本信息。

9.1.4 实验4 表单标记应用

【实验内容及要求】

利用表单标记和表格标记编写一个如图9.4所示的网页。表单中的标记有<form>(表单域)、<input>(类型有text、password、checkbox和submit)<select><textarea>等标记。

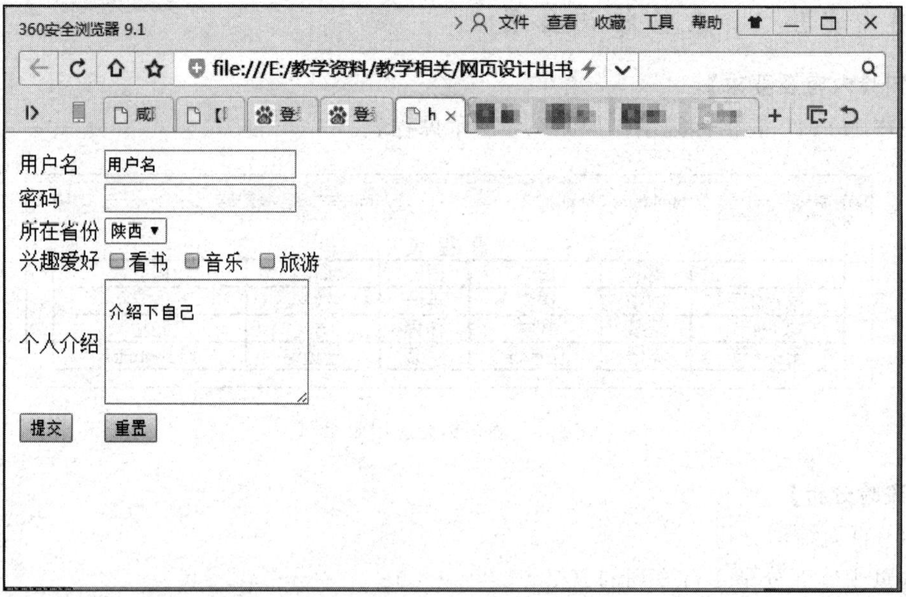

图 9.4　表单标记应用效果图

【实验分析】

1. 页面结构分析

网页主体部分是一个表单域，在表单域中使用 6 行 2 列的表格布局。

2. 元素分析

(1) 表单域标记定义：

```
<form action = "" name = "form1" method = "post">
⋮
</form>
```

(2) 文本框控件定义：

```
<input type = "text" name = "uname" value = "用户名">
```

(3) 密码框控件定义：

```
<input type = "password" name = "upwd" >
```

(4) 列表/菜单控件定义：

```
<select>
        <option>陕西</option>
        <option>山西</option>
        <option>河北</option>
</select>
```

(5) 复选框控件定义:

```
<input type="checkbox" name="hobby" value="book">看书
<input type="checkbox" name="hobby" value="music">音乐
```

(6) 文本域控件定义:

```
<textarea rows="6">
        介绍下自己
</textarea>
```

(7) 表格标记和表单标记的嵌套关系:

```
<form action="" name="form1" method="post">
    <table>
        <tr>
            <td>…</td>
        </tr>
    </table>
</form>
```

【实验步骤】

(1) 添加 HTML 页面结构标记。

(2) 添加表单域标记。

(3) 在表单域标记中添加表格标记。

(4) 表格的 td 标记中添加表单控件。

9.2 CSS 基础

【实验目标】

- 掌握 CSS 常用样式属性及可取的值;
- 掌握标签选择器、id 选择器和类选择器的定义方法;
- 掌握 id 选择器和类选择器的使用方法。

9.2.1 实验 5 CSS 应用

【实验内容及要求】

(1) 设计一个网页,页面内容为"I can designe HTML page!"。

(2) 背景色为黑色,字体颜色为白色。

(3) 页面的样式使用内嵌 CSS 定义。

说明:页面的背景色由 body 标签中的 bgcolor 属性控制,页面文本颜色由 text 属性控制。

【实验分析】

1. 页面结构分析

网页主体部分为一行文字,因此不需要使用布局工具。

2. 在网页中嵌入 CSS

```
<style type="text/css">…</style>
```

3. CSS 分析

题目要求设置网页文本颜色和网页背景色，可以通过重定义 body 标签选择器样式实现。

```
body{
    background-color: black;
    color:white;}
```

【实验步骤】

(1) 输入 HTML 结构标记。

```
<html>
    <head>
        <title></title>
    </head>
    <body></body>
</html>
```

(2) 在 body 标记中输入网页内容。

```
I can designe HTML page!
```

(3) 在 head 标记中定义一个内嵌标签选择器样式。

```
<style type="text/css">
body{
    background-color: black;
    color:white;
}
</style>
```

9.2.2 实验 6 常用样式定义

【实验内容及要求】

打开 democss.html 文件，链接到样式表文件 style1.css，并定义样式文件，使得原始页面效果(如图 9.5 所示)变为修改后页面效果(如图 9.6 所示)，具体要求如下。

(1) 在 style1.css 中定义一个名为“.title”的类样式，“字体”是“黑体”，“大小”为 30pt，修饰为“无”。

(2) 在 style1.css 中定义一个名为“.text”的类样式，“字体”为“微软雅黑”，大小为 20px，颜色为#666666，修饰为“无”，行高为 36px，首行缩进 2 个字符。

(3) 在 style1.css 中定义超链接的普通状态样式和鼠标悬停样式，普通状态“字体”为“宋体”，大小为 15px，颜色为 green，文本修饰为 none。鼠标悬停时颜色为 red，文本修饰为

图 9.5　设置样式之前的网页

咸阳师范学院举办“新时代本科教学改革高层论坛”
10月26日，“新时代本科教学改革高层论坛”在咸阳师范学院学术报告厅举行。校党委副书记、校长舒世昌出席开幕式，副校长王长顺主持开幕式。
舒世昌代表学校对出席本次论坛的专家学者表示热烈的欢迎和衷心的感谢。

回到首页

图 9.6　添加样式之后的网页

“下画线”。

(4) 在 style1.css 中定义 img 标签选择器，定义 4 个边的边框为不同的粗细、颜色和线型。

(5) 为超链接 a 标记定义两种伪类别，分别是普通状态样式和鼠标指向样式。

(6) 在 style1.css 中定义 body 样式，设置背景颜色为浅蓝色 #e9fbff。

(7) 将.title 样式应用到标题文字“咸阳师范举办本科教学改革高层论坛”上。

【实验分析】

1. 实验中涉及的 CSS 属性

(1) 字体设置：

```
font-family: "华文行楷";
```

(2) 文字大小设置：

```
font-size: 20px;
```

(3) 文本修饰设置：

```
text-decoration: none;
```

(4) 颜色设置：

```
color: #666;
```

(5) 边框属性设置：

```
border: 1px solid red;
```

(6) 超链接伪类别定义：

① 未访问的样式 a：link{}。

② 访问之后的样式 a：visited{}。

③ 鼠标悬停时的样式 a：hover{}。

④ 单击超链接时的样式 a：active{}。

2. 实验中涉及的样式名称

```
.title{}
.text{}
a:link{}
a:hover{}
img{}
body{}
```

【实验步骤】

(1) 在 style1.css 文件中分别定义上述选择器样式。

(2) 在 democss.html 文件中应用样式。

打开 democss.html 文件，在<head>标记中定义外部链接<link>标记，链接至 style1.css 文件中。代码如下：

```
<link type="text/css" rel="stylesheet" href="style1.css"/>
```

① 样式定义代码：

```
1  .title{
2          font-family:黑体;
3          font-size:30pt;
4          text-align:center;}
5 .text{
6          font-family:微软雅黑;
7          font-size:20px;
8          color:#666666;
9          line-height:36px;
10         text-indent:2ex;}
```

```
11 a:link{
12       font-family:宋体;
13       font-size:15px;
14       color:green;
15       size:25px;
16       text-decoration:none;}
17 a:hover{
18       color:red;
19       text-decoration:underline;}
20 img{
21       border-top:3px dotted #222222 ;
22       border-bottom:3px dotted #444444;
23       border-left:2px dashed #002266;
24       border-right:2px solid #009922;}
25 body{
26       background-color:#e9fbff;}
```

② 样式应用代码：

```
1  <body>
2    <h1 class="title">咸阳师范学院举办"新时代本科教学改革高层论坛"</h1>
3    <p class="text"> 10 月 26 日,"新时代本科教学改革高层论坛"在咸阳师范学院学术报告厅
4  举行.校党委副书记、校长舒世昌出席开幕式,副校长王长顺主持开幕式.</p>
5    <p class="text"> 舒世昌代表学校对出席本次论坛的专家学者表示热烈的欢迎和衷心的感
6  谢.</p>
7    <img src="img.jpg">
8    <br>
9    <a href="#">回到首页</a>
10 </body>
```

9.3 DIV+CSS 布局

【实验目标】

- 掌握 DIV、span 等盒子模型的边框、内边距等参数设置方法；
- 掌握 CSS 控制盒子位置的方法；
- 掌握 position 属性的 absolute 值和 relative 值的区别。

9.3.1 实验 7 绝对定位应用

【实验内容及要求】

使用 CSS 绝对定位方法，定义如图 9.7 所示的匡字网页布局，并为每个区域填充不同的颜色。

【实验分析】

1. 页面结构分析

网页结构为匡字形结构。

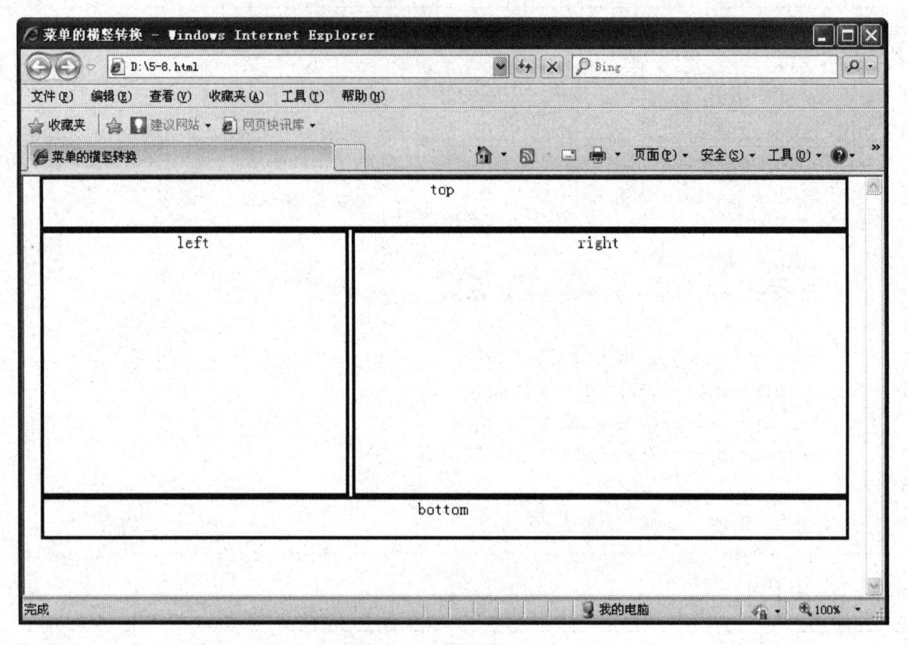

图 9.7　网页效果图

网页中有 5 个盒子：main、top、left、right 和 bottom。其中，main 为父盒子，在 main 中嵌套其他 4 个子盒子。分析：如果使用默认的文档流，每个盒子会独占一行。需要将 left 盒子与 right 盒子通过定位方法移动到同一行。

2. 定位设置

使用绝对定位方法，使 left 和 right 盒子处于父盒子的同一行。

绝对定位方法指的是盒子相对于父盒子中的位置。图 9.8 所示为两个盒子未设置定位方法时默认的位置，此时两个盒子没有处于同一行，将 right 盒子设置相对父盒子向上移动 left 盒子高度的值，达到 left 和 right 处于同一行的效果，如图 9.9 所示。

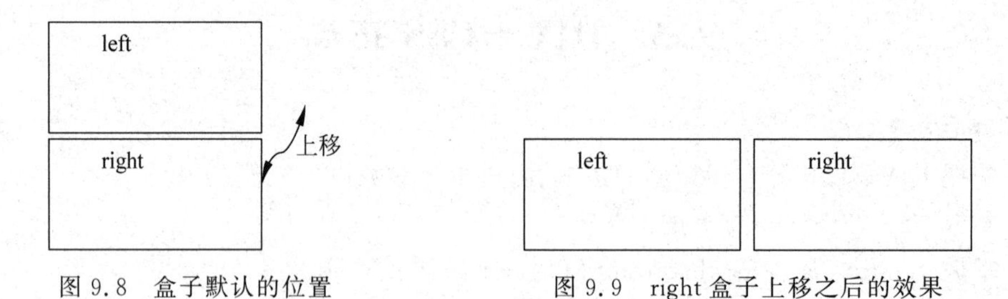

图 9.8　盒子默认的位置　　　图 9.9　right 盒子上移之后的效果

3. 盒子定义

分别定义 5 个盒子，top 盒子使用默认的布局方式，left、right 和 bottom 盒子定义绝对布局。

(1) 父盒子定义：

```
1  #main{
2         width:900px;
```

```
3        height: 340px;
4        border: 1px solid black;
5        position: relative; }
```

(2) top 盒子定义：

```
1  #top{
2        height: 60px;
3        border: 1px solid black; }
```

(3) left 盒子定义：设置绝对定位

```
1  #left{
2        position: absolute;
3        top:66px;
4        left:2px;
5        width:400px;
6        height: 200px;
7        border: 1px solid black;}
```

(4) right 盒子绝对定位：

```
1  #right{
2          position: absolute;
3          top:66px;
4          left:410px;
5          width:480px;
6          height: 200px;
7          border: 1px solid black; }
```

(5) bottom 盒子绝对定位：

```
1  #bottom{
2            height: 60px;
3            border: 1px solid black;
4            position: absolute;
5            top:270px;
6            width: 100%;}
```

【实验步骤】

(1) 输入 HTML 页面结构标记。

```
1  <div id="main">
2        <div id="top">top</div>
3             <div id="left">left</div>
4             <div id="right">right</div>
5             <div id="bottom">bottom</div>
6  </div>
```

(2) 分别为 top、left、right、bottom 和 main 盒子设置样式。

9.3.2 实验 8 相对定位应用

【实验内容及要求】

通过 CSS 相对定位,定义如图 9.10 所示的匡字网页布局,为每个区域填充不同的颜色。

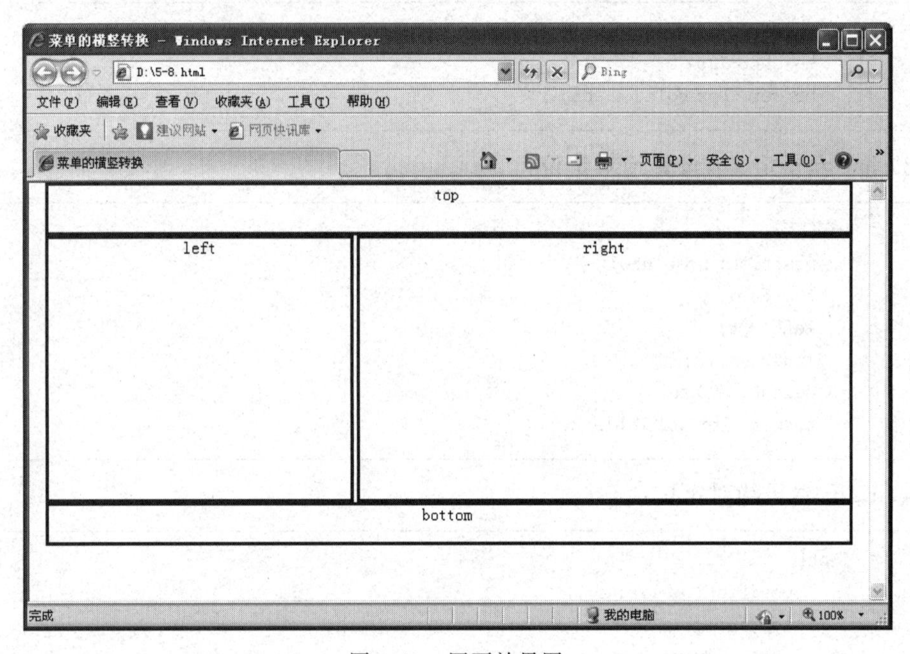

图 9.10 网页效果图

【实验分析】

1. 页面结构分析

页面结构同实验 7。

2. 定位设置

相对定位指的是盒子相对于自己默认位置的偏移量。使用相对定位方法同样可以使上例中 left 和 right 盒子位于同一行。对于 left 盒子,原始位置与最终的位置一致,所以 top=0,left=2。right 盒子默认位置是在 left 的下一行(如图 9.11 所示),如果要向上移动,为 right 设置一个 top 为负数的值,移动的数值等于 left 盒子的高度,同时为 right 盒子设置一个 left 值,该值应该大于 left 盒子的宽度。bottom 盒子需要相对于原始位置,向上移动的值等于 right 盒子的高度,如图 9.12 所示。

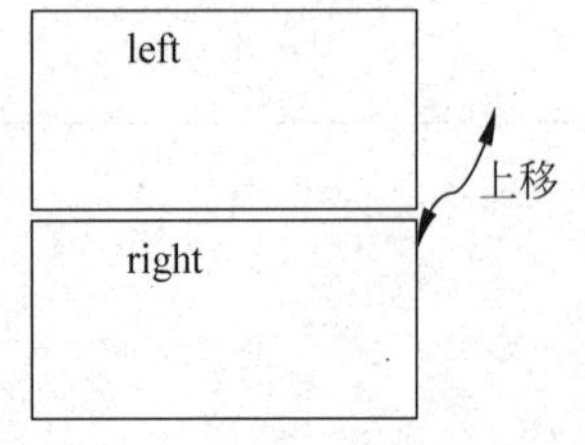

图 9.11 盒子默认的显示效果

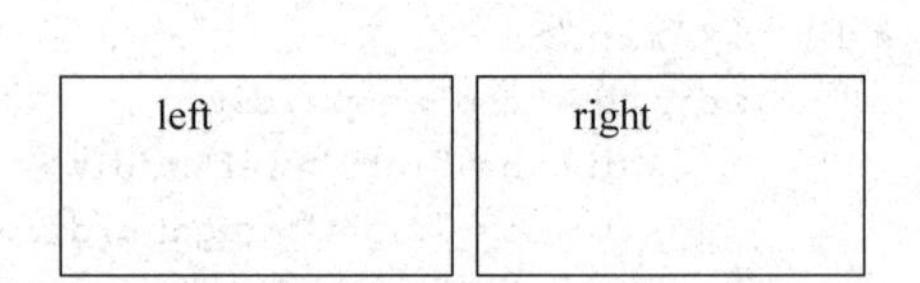

图 9.12 right 盒子上移之后的效果

3. 盒子定义

分别定义 5 个盒子，top 盒子使用默认的布局方式，left、right 和 bottom 盒子定义相对布局。

(1) 父盒子定义：

```
1  #main{
2          width:900px;
3          height: 340px;
4          border: 1px solid black;
5          position: relative; }
```

(2) top 盒子定义：

```
1  #top{
2          height: 60px;
3          border: 1px solid black; }
```

(3) left 盒子相对定位：

```
1  #left{
2          position: relative;
3          top:0px;
4          left:2px;
5          width:400px;
6          height: 200px;
7          border: 1px solid black; }
```

(5) right 盒子相对定位：

```
1  #right{
2          position: relative;
3          top: - 200px;
4          left:410px;
5          width:480px;
6          height: 200px;
7          border: 1px solid black; }
```

(5) bottom 盒子相对定位：

```
1  #bottom{
2          height: 60px;
3          border: 1px solid black;
4          position: relative;
5          top: - 200px;
6          width: 100 % ;}
```

【实验步骤】

(1) 输入 HTML 结构标记：

```
1 <div id = "main">
2             <div id = "top"> top </div >
3             <div id = "left"> left </div >
4             <div id = "right"> right </div >
5             <div id = "bottom"> bottom </div >
6 </div >
```

（2）分别为 top、left、right、bottom 和 main 盒子设置样式。

9.3.3 实验 9 咸阳师范学院内页布局

【实验内容及要求】

使用浮动定位方式实现咸阳师范学院网站内页的布局，完成效果如图 9.13 所示。具体要求如下：

图 9.13　咸阳师范学院网站内页效果图

（1）在网页文件中定义 5 个 div，名称分别为 logo、nav、leftnav、center 和 cpright。

（2）使用 position 属性为 div 定位。

（3）分别为 top、nav、left、content 和 cpright 盒子添加文字。

【实验分析】

1. 页面结构分析

网页为匡字型结构，页面包含5个div盒子(区域)，分别是logo、nav(导航条)、leftnav(左侧垂直导航区)、content(右侧内容区)和cpright(底部版尾区)，如图9.14所示。

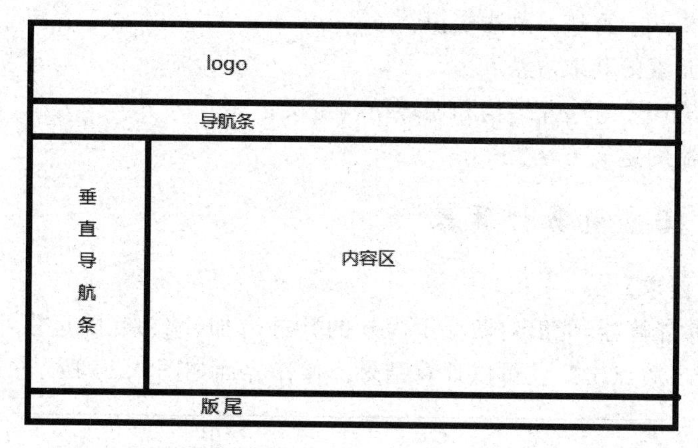

图9.14　分区图

2. 区块定义伪代码

区块定义的伪代码如下：

```
#logo{
    //定义宽度和高度
}
#nav{
//定义宽度和高度
}
#leftnav{
//定义宽度和高度
float:left;                    //设置左侧浮动
}
#content{
//定义盒子宽度和高度
float:right;                   //设置右侧浮动
}
#cpright{
        clear:both;            //清除浮动影响
}
```

3. 添加盒子中的内容

(1) logo盒子中插入网站Logo图片和搜索框，设置搜索框为右侧float。

(2) nav盒子中定义一个有序列表，列表里的每一项对应一个导航项目，通过CSS定义列表为左浮动，定义li的宽度和高度以及背景颜色。

(3) leftnav垂直导航条盒子中定义有序列表，设置li的宽度和高度。

(4) content盒子中分别添加二级院系的名称。

(5) 版尾盒子中包含有序列表，列表项分别为“视频新闻”“学生工作”等。

9.4 JavaScript 实训

【实验目标】

- 掌握 JavaScript 的基本语法知识；
- 熟悉网页元素的获取方法；
- 掌握 JavaScript 的选择结构和循环结构定义；
- 掌握定时器的定义方法。

9.4.1 实验 10 简易计算器

【实验内容及要求】

制作一个简易计算器，能够对两个不为 0 的数进行加、减、乘、除运算，用户输入两个运算数，选择运算符之后点击“=”可以计算结果。操作界面如图 9.15 所示。

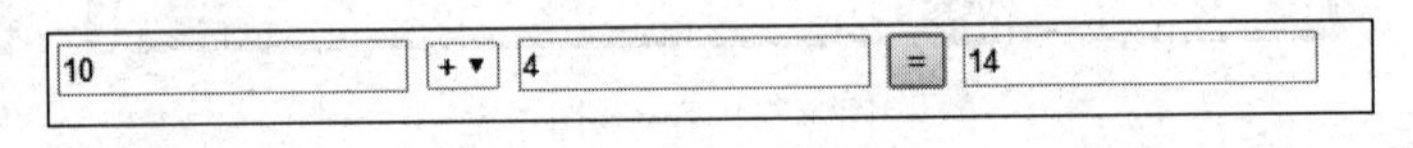

图 9.15 简易计算器效果图

【实验分析】

1. 页面结构分析

计算器由三个文本框、一个选择运算符的下拉菜单和一个计算按钮组成。

2. JavaScript 分析

(1) 为计算结果按钮(=)添加单击事件(onclick)。

(2) 在单击事件处理函数中获取两个文本框的值，将类型由字符串转换为数字类型，然后获取下拉菜单中的运算符，根据运算符进行算术运算。

(3) 将运算结果赋值给结果文本框(result)，在其中显示运算结果。

【实验步骤】

(1) 制作 HTML 页面：

```
1  <form>
2          <input type = "text" name = "number1" id = "number1">
3          <select id = "operation">
4              <option value = "add"> + </option>
5              <option value = "minus"> - </option>
6              <option value = "multipl"> * </option>
7              <option value = "divide">/</option>
8          </select>
9          <input type = "text" name = "number2" id = "number2">
10         <input type = "button" value = " = ">
11         <input type = "text" name = "result" id = "result">
12 </form>
```

(2) 添加 JavaScript 代码：

① 为 HTML 中的按钮添加单击事件：

```
< input type = "button" value = " = " onclick = "caculate()">
```

② 在 caculate()函数中计算两个数的运算结果，并将结果显示在文本框中。

```
1  function caculate(){
2         var num1 = parseFloat(document.getElementById("number1").value);
3         var num2 = parseFloat(document.getElementById("number2").value);
4         var oper = document.getElementById("operation").value;
5         var result;
6         if(num1!= 0&&num2!= 0){
7               switch(oper){
8                   case '+':result = num1 + num2;break;
9                   case '-':result = num1 + num2;break;
10                   case '*':result = num1 * num2;break;
11                   case '/':result = num1/num2;break;
12               }
13           }
14         else
15             alert("输入的数不能为 0");
16         document.getElementById("result").value = result;}
```

9.4.2 实验 11 简易聊天室

【实验内容及要求】

当用户在聊天窗口下方文本框中输入信息后，单击“发送”按钮，文本框中的信息显示在信息显示区域，同时文本框中信息被清空。简易聊天操作界面如图 9.16 所示。

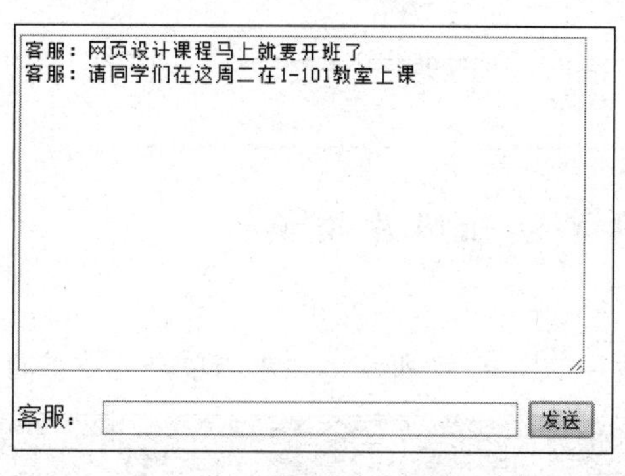

图 9.16 聊天室效果图

【实验分析】

1. 页面结构分析

聊天室包括显示聊天信息的文本域、发送文本信息的文本框和发送消息的按钮。

2. JavaScript 分析

(1) 为消息发送按钮添加单击事件(onclick)。

(2) 在事件处理函数中获取消息文本框的值，将值显示在信息文本域，同时文本框的值设为“空”。

【实验步骤】

(1) 制作 HTML 页面:

```
1  <form>
2          <textarea id = "message" rows = "14" cols = "50"></textarea>
3          <p>
4          <div>
5                  <span id = "user">客服:</span>
6                  <input type = "text" id = "content" size = "40">
7                  <input type = "button" value = "发送" onclick = "send()">
8          </div>
9  </form>
```

(2) 添加 JavaScript 代码。

① 为 HTML 中的按钮添加单击事件。

```
<input type = "button" value = "发送" onclick = "send()">
```

② 在 send()函数中获取消息框中信息,并将结果显示在文本域中。

```
1   function send(){
2              var user = document.getElementById("user");
3              var content = document.getElementById("content");
4              var message = document.getElementById("message");
5              if (content == "") {
6                 alert("输入不能为空");
7                 return;
8              }
9              else{
10             message.value = message.value + user.innerHTML + content.value + "\n";
11             content.value = "";}}
```

9.4.3 实验 12 单击按钮图片轮换

【实验内容及要求】

动态改变图片,页面效果如图 9.17 所示。要求当单击向左或向右箭头按钮时,切换图片。

图 9.17 图片轮换效果图

【实验分析】

1. 页面结构分析

图像两侧有两个按钮(分别是<和>),可以将图像和按钮都放置在 div 容器中。

2. JavaScript 分析

将图像 URL 保存在数组中,每次切换依次从数组中取出数据,改变图片的 src 属性。当已经取到最后一个元素,则切换到第一个元素;当切换到第一个元素,若继续向左切换,则切换到最后一个元素。

【实验步骤】

(1) 书写 HTML 标记:

```
1  <form>
2          <div>
3                  <input type="button" id="left"  value="<">
4                  <img src="img1.jpg" id="pic" width="1055" height="357">
5                  <input type="button" id="right"  value=">">
6          </div>
7  </form>
```

(2) 添加 JavaScript 代码。

(1) 为 HTML 中的按钮添加单击事件。

```
<input type="button" id="left" onclick="slider('left')" value="<">
<input type="button" id="right" onclick="slider('right')" value=">">
```

(2) 在 slider()函数中改变图像的 URL,当用户单击向左切换按钮(<),则为 sider 函数传一个 left 参数,将图片切换到数组中前一个图片;当用户单击向右切换按钮(>),则为 sider 传一个 right 参数,图片切换到数组中后一个图片。

JavaScript 代码如下:

```
1  <script type="text/javascript">
2     var imgsrc = ["img1.jpg","img2.jpg","img3.jpg","img4.jpg"];
3     var i = 0;
4     var img;
5     window.onload = function(){
6                               img = document.getElementById("pic");}
7        function slider(direction){
8            if(direction == "left"){
9                i--;
10               if (i == -1){
11                 i = imgsrc.length - 1;
12                 img.src = imgsrc[i];}
13               else img.src = imgsrc[i];}
14           else if(direction == "right"){
15               i++;
16               if(i == imgsrc.length){
17                   i = 0;
```

```
18                      img.src = imgsrc[i];}
19                  else img.src = imgsrc[i];}}
20 </script>
```

9.4.4 实验 13 间隔一定时间轮换图片

【实验内容及要求】

制作每隔两秒轮换图片的网页。网页效果如图 9.18 所示。

图 9.18 间隔时间轮换效果图

【实验分析】

1. 页面结构分析

页面中有一张图片(<img>)和两个按钮,分别是开始轮换按钮和结束按钮。

2. JavaScript 分析

(1) 为开始轮换和结束轮换按钮分别添加单击事件(onclick)。

(2) 在开始轮换单击事件处理函数中启动定时器,定时调用切换图片函数。

(3) 在结束轮换单击事件处理函数中删除定时器。

(4) 切换图片函数根据图片编号显示对应的数组中的图片 URL。将 URL 值赋给 img 标签的 src 属性。

【实验步骤】

(1) 制作 HTML 页面:

```
1 <div>
2       <img src = "img1.jpg" id = "pic" width = "1055" height = "357">
3           <p>
4           <input type = "button" id = "left"   value = "开始轮换">
5           <input type = "button" id = "right"   value = "停止轮换">
6 </div>
```

(2) 添加 JavaScript 代码。

① 为 HTML 中的按钮添加单击事件:

```
< input type = "button" id = "left" onclick = "start()" value = "开始轮换">
< input type = "button" id = "right" onclick = "window.clearInterval(interv)" value = "停止轮换">
```

② 在 start()函数中启动定时器，每隔两秒钟调用 run 函数，改变图片的 URL，如果是数组中的最后一张图片则切换到第一张图片。

JavaScript 代码如下：

```
1 < script type = "text/javascript">
2         var imgsrc = ["img1.jpg","img2.jpg","img3.jpg","img4.jpg"];
3         var i = 0;
4         var img;
5         var interv;
6         window.onload = function(){
7          img =  document.getElementById("pic");}
8         function start(){
9            interv = setInterval(run,2000); }
10        function run(){
11           if (i < imgsrc.length) {
12           img.src  =  imgsrc[i]; }
13        else {
14               i = 0;
15               img.src  =  imgsrc[i]; }
16        i++;}
17 </script >
```

9.5 jQuery 实训

【实验目标】

- 掌握 jQuery 的语法知识；
- 熟悉 jQuery 获取网页元素的方法；
- 掌握 jQuery 事件绑定的方法。

9.5.1 实验 14 显示表单中输入的数据

【实验内容及要求】

制作一个如图 9.19 所示的表单，要求：

(1) 表单元素的类型分别是单行文本框、电子邮件类型和按钮类型。

(2) 当用户单击"提交"按钮时，在弹出的对话框中显示用户输入的用户名和邮箱地址，要求通过 jQuery 实现操作。

【实验分析】

1. 页面结构分析

页面包含一个接受用户名文本框、电子邮件文本框和提交按钮。

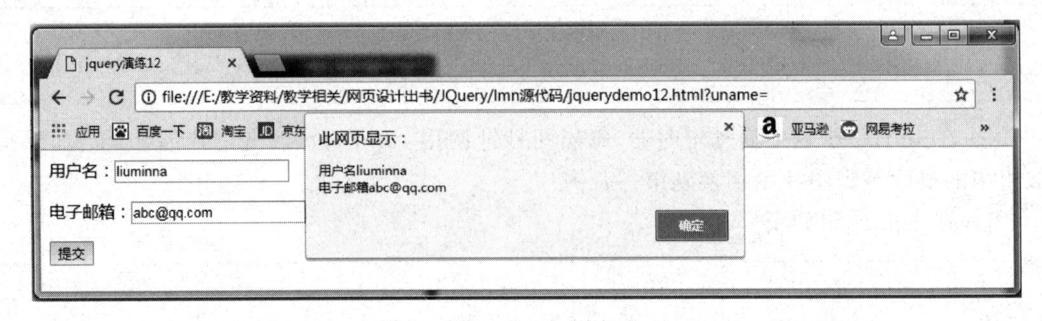

图 9.19　表单效果图

2. jQuery 分析

(1) 为提交按钮添加单击事件(onclick)。

(2) 在单击事件处理函数中获取两个文本框的值,将值显示在对话框中。

【实验步骤】

(1) 制作 HTML 页面:

```
1  <form>
2          用户名:<input type = "text" name = "uname"><p>
3          电子邮箱:<input type = "email" id = "email"><p>
4          <input type = "button" id = "mybutton" value = "提交"/>
5  </form>
```

(2) 添加 jQuery 代码:

```
1  <script type = "text/javascript">
2   $(document).ready(function(){
3       $("#mybutton").click(function(){
4         alert("用户名" + $('input[name]').val() + '\n' + "电子邮箱" + $('input[id = email]').
val());
5                 });})
6  </script>
```

9.5.2　实验 15　为按钮添加单击事件

【实验内容及要求】

(1) 在网页中添加一个按钮(button 元素)和 div 盒子。设置 div 的宽度为 100 像素,高度为 100 像素。

(2) 为按钮添加单击事件,单击之后 div 的宽度和高度都变为 200 像素,如图 9.20 所示。

【实验分析】

1. 页面结构分析

页面由按钮和红色的 div 组成。

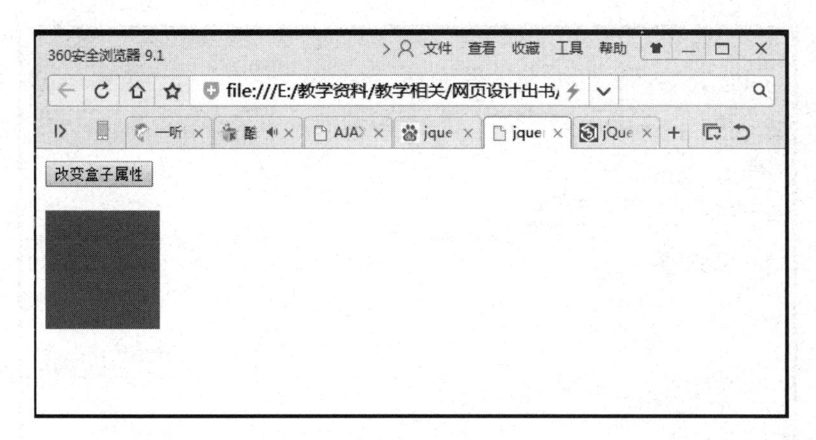

图 9.20 更改盒子属性效果图

2. jQuery 分析

为按钮添加单击事件(onclick)。在单击事件处理函数中改变 div 的宽度和高度值。

【实验步骤】

(1) 添加 HTML 标记:

```
<button>改变盒子属性</button>
<div id = "box"></div>
```

(2) 添加 jQuery 代码:

```
1  <script type = "text/javascript">
2          $ (document).ready(function(){
3               $ ("button").click(function(){
4                   alert("click");
5                    $ ("#box").width("200px");
6                    $ ("#box").height("200px");});})
7  </script>
```

9.5.3 实验 16 动态添加表单元素

【实验内容及要求】

(1) 在表单中添加密码框、电子邮件和按钮元素,效果如图 9.21 所示。

(2) 为按钮绑定单击事件,当用户单击“动态添加表单元素”按钮,在页面添加接收电话号码文本框,效果如图 9.22 示。

【实验分析】

1. 页面结构分析

页面组成结构同实验 14。

2. jQuery 分析

(1) 为按钮添加单击事件(onclick)。

(2) 在单击事件处理函数中使用 jQuery 的 appendTo 方法向表单中动态添加文本框。

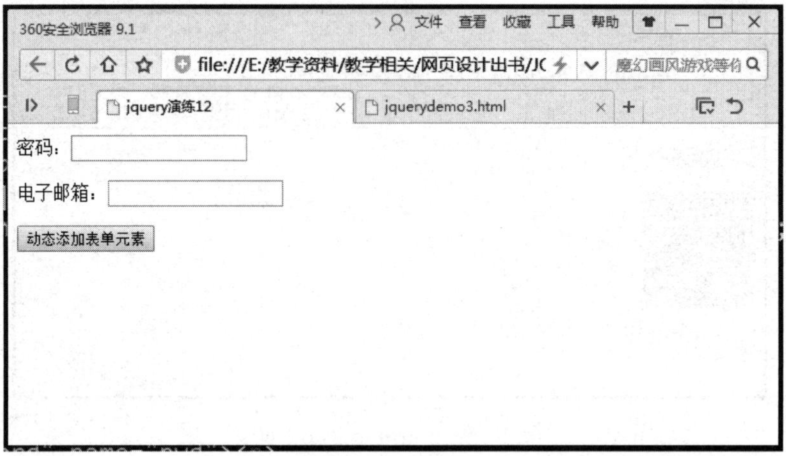

图 9.21 页面效果图

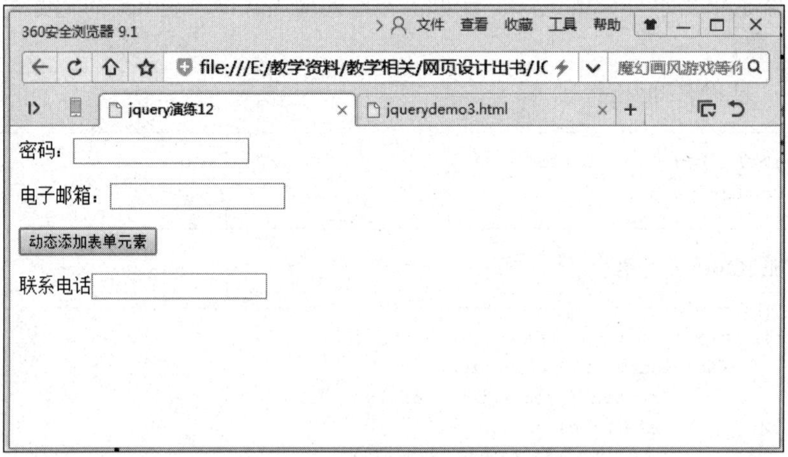

图 9.22 单击添加按钮之后的页面效果

【实验步骤】

(1) 添加 HTML 标记：

```
<form>
    密码:<input type="password" name="pwd"><p>
    电子邮箱:<input type="email" id="email"><p>
    <input type="button" value="动态添加表单元素">
</form>
```

(2) 添加 jQuery 代码：

```
1  <script type="text/javascript">
2          $(document).ready(function(){
3            $("input[type=button]").click(function(){
4                  $("<p>联系电话<input type='tel' name='mytel'/>").appendTo($("form"));
```

```
5            });
6        })
7  </script>
```

9.6 HTML5 应 用

【实验目标】

- 掌握 HTML5 标记的使用方法；
- 熟悉 HTML5 中新增表单属性的使用方法；
- 熟悉 HTML5 语义标记的使用方法。

9.6.1 实验 17 HTML5 表单创建

【实验内容及要求】

编写注册页面，该页面包括用户名、电子邮箱、省份、性别、出生年月、所在省份、电话、身份证号、兴趣爱好、颜色选择以及“确定”按钮。具体要求如下：

(1) 设置用户名默认为张三，提示“输入信息为字母数字的组合”，用户名设置为必填项。

(2) 年龄使用 HTML5 number 类型，设置范围为 1～100，步长为 1。

(3) 邮箱使用 HTML5 电子邮箱类型，为必填项。

(4) 出生年月使用 HTML5 date 类型。

(5) 所在省份使用 datalist 元素提示信息。

(6) 颜色使用 HTML5 color 类型。

(7) 身份证号使用 pattern 属性设置正则表达式。

【实验分析】

表单元素定义如下：

(1) 用户名文本框：

```
< input type = "text" placeholder = "提示信息"required autofocus >
```

(2) 电子邮箱输入框：

```
< input type = "email" required >
```

(3) 年龄输入框：

```
< input type = "number" min = "1" max = "100" step = "1">
```

(4) 出生日期输入框：

```
< input type = "date" name = "birthday">
```

(5) 省份文本框：

```
<input type="text" name="mytext">
```

(6) 为文本框绑定下拉列表框的方法：在省份文本框下方定义 datalist，指定省份文本框的 list 值为 datalist 的 id 值。

```
<input type="text" name="mytext" list="province">.
        <datalist id="province">
            <option value="beijing">北京</option>
            <option value="shanghai">上海</option>
        </datalist>
```

(7) 颜色选择器：

```
<input type="color" name="mycolor">
```

(8) 身份证输入框：

```
<input type="text" pattern="\d{18}">
```

(9) 提交按钮：

```
<input type="submit">
```

9.6.2 实验 18 HTML5+CSS 应用

使用 HTML5 的< article >< header >和< footer >标记编写如图 9.23 所示的页面。

图 9.23 HTML+CSS 应用效果图

【实验分析】

1. 页面结构分析

页面包括< article >< header >和< footer >等标记。嵌套关系如下：

```
<article>
            <header>
               <h1>标题</h1>
               副标题
            </header>
            <p>正文</p>
            <footer>
               <p>版尾</p>
            </footer>
</article>
```

2. CSS 分析

网页中所有元素居中对齐(text-align: center; margin: 0 auto;)设置段落的行高，左侧内边距等属性(line-height: 30px; font-size: 14px; width: 90%; text-align: left; padding-left: 20px;)。

9.7 Dreamweaver 实训

【实验目标】

- 掌握 Dreamweaver 中创建站点的操作；
- 熟悉 Dreamweaver 中对文本、图片，图片热区属性的设置方法。

9.7.1 实验 19 Dreamweaver 站点创建

【实验内容及要求】

以姓名拼音为名称，在 E 盘新建站点文件夹，并在 Dreamweaver 中创建个人站点，将 E 盘新建的文件夹指定为站点文件夹。

实验步骤略。

9.7.2 实验 20 Dreamweaver 超链接设置

【实验内容及要求】

(1) 制作一个如图 9.24 所示的网页，要求标题文字“居中”，大小为“标题二”，其他格式自拟。

(2) 为文字“陕西旅游照片”设置超链接，链接到 http://www. sxtour. com/html/index. html。

(3) 为文字“给我写信”设置电子邮件链接，邮件地址为 someone@163. com。

(4) 在第三行插入图片 map. jpg，设置图片“居中”。

(5) 在图片为钟楼、鼓楼和清真寺设置热区，分别链接到 https://baike. baidu. com/item/西安市钟楼/3235774、https://baike. baidu. com/item/西安鼓楼/798933 和 https://

baike. baidu. com/item/清真寺。

(6) 将网页标题设置为“美丽的陕西”。

实验步骤略。

美丽的陕西

陕西旅游照片 给我写信

图 9.24　页面效果图

参 考 文 献

[1] 王丽铭. Web前端开发及应用教程[M]. 北京：清华大学出版社，2017.
[2] 岳学军. JavaScript前端开发实用技术教程[M]. 北京：人民邮电出版社，2018.

图书资源支持

感谢您一直以来对清华版图书的支持和爱护。为了配合本书的使用，本书提供配套的资源，有需求的读者请扫描下方的“书圈”微信公众号二维码，在图书专区下载，也可以拨打电话或发送电子邮件咨询。

如果您在使用本书的过程中遇到了什么问题，或者有相关图书出版计划，也请您发邮件告诉我们，以便我们更好地为您服务。

我们的联系方式：

地　　址：北京市海淀区双清路学研大厦 A 座 701

邮　　编：100084

电　　话：010-83470236　010-83470237

资源下载：http://www.tup.com.cn

客服邮箱：tupjsj@vip.163.com

QQ：2301891038（请写明您的单位和姓名）

资源下载、样书申请

书圈

扫一扫，获取最新目录

课 程 直 播

用微信扫一扫右边的二维码，即可关注清华大学出版社公众号“书圈”。